# 러셀이 들려주는 명제와 논리 이야기

수학자가 들려주는 수학 이야기 15

러셀이 들려주는 명제와 논리 이야기



초판 1쇄 발행일 | 2008년 4월 3일
초판 25쇄 발행일 | 2023년 10월 1일

지은이 | 황선희
펴낸이 | 정은영

펴낸곳 | (주)자음과모음
출판등록 | 2001년 11월 28일 제2001-000259호
주소 | 10881 경기도 파주시 회동길 325-20
전화 | 편집부 (02)324-2347, 경영지원부 (02)325-6047
팩스 | 편집부 (02)324-2348, 경영지원부 (02)2648-1311
e-mail | jamoteen@jamobook.com

ISBN 978-89-544-1559-0 (04410)

15 수학자가 들려주는 수학 이야기

러셀이 들려주는

# 명제와 논리 이야기

| 황 선 희 지음 |

(주)자음과모음

## 추천사

### 수학자라는 거인의 어깨 위에서
# 보다 멀리, 보다 넓게 바라보는 수학의 세계!

수학 교과서는 대개 '결과'로서의 수학을 연역적으로 제시하는 경향이 강하기 때문에 학생들은 수학이 끊임없이 진화해 왔다는 생각을 하기 어렵습니다. 그렇지만 수학의 역사는 하나의 문제가 등장하고 그에 대해 많은 수학자들이 고심하고 이를 해결하는 가운데 새로운 아이디어가 출현해 온 역동적인 과정입니다.

〈수학자가 들려주는 수학 이야기〉는 수학 주제들의 발생 과정을 수학자들의 목소리를 통해 친근하게 이야기 형식으로 들려주기 때문에 학생들이 수학을 '과거 완료형'이 아닌 '현재 진행형'으로 인식하는 데 도움이 될 것입니다.

학생들이 수학을 어려워하는 요인 중의 하나는 '추상성'이 강한 수학적 사고의 특성과 '구체성'을 선호하는 학생의 사고의 특성 사이의 괴리입니다. 이런 괴리를 줄이기 위해서 수학의 추상성을 희석시키고 수학 개념과 원리의 설명에 구체성을 부여하는 것이 필요한데, 〈수학자가 들려주는 수학 이야기〉는 수학 교과서의 내용을 생동감 있게 재구성함으로써 추상적인 수학을 구체성을 갖는 수학으로 변모시키고 있습니다. 또한 중간중간에 곁들여진 수학자들의 에피소드는 자칫 무료해지기 쉬운 수학 공부에 있어 윤활유 역할을 할 수 있을 것입니다.

〈수학자가 들려주는 수학 이야기〉의 구성을 보면 우선 수학자의 업적을 개략적으로 소개하고, 6~9개의 강의를 통해 수학 내적 세계와 외적 세계, 교실 안과 밖을 넘나들며 수학 개념과 원리들을 소개한 후 마지막으로 강의에서 다룬 내용들을 정리합니다. 이런 책의 흐름을 따라 읽다 보면 각 시리즈가 다루고 있는 주제에 대한 전체적이고 통합적인 이해가 가능하도록 구성되어 있습니다.

〈수학자가 들려주는 수학 이야기〉는 학교 수학 교과 과정과 긴밀하게 맞물려 있으며, 전체 시리즈를 통해 학교 수학의 많은 내용들을 다룹니다. 예를 들어《라이프니츠가 들려주는 기수법 이야기》는 수가 만들어진 배경, 원시적인 기수법에서 위치적 기수법으로의 발전 과정, 0의 출현, 라이프니츠의 이진법에 이르기까지를 다루고 있는데, 이는 중학교 1학년의 기수법의 내용을 충실히 반영합니다. 따라서 〈수학자가 들려주는 수학 이야기〉를 학교 수학 공부와 병행하면서 읽는다면 교과서 내용의 소화 흡수를 도울 수 있는 효소 역할을 할 수 있을 것입니다.

뉴턴이 'On the shoulders of giants' 라는 표현을 썼던 것처럼, 수학자라는 거인의 어깨 위에서는 보다 멀리, 넓게 바라볼 수 있습니다. 학생들이 〈수학자가 들려주는 수학 이야기〉를 읽으면서 각 수학자들의 어깨 위에서 보다 수월하게 수학의 세계를 내다보는 기회를 갖기 바랍니다.

홍익대학교 수학교육과 교수 | 《수학 콘서트》 저자 **박 경 미**

## 세상 진리를 수학으로 꿰뚫어 보는 맛
## 그 맛을 경험시켜주는 '명제와 논리' 이야기

수학!

많은 학생들이 어려워하는 학문입니다. 특히 학교 수학에서 명제, 증명, 논리 등은 학생들에게 다른 주제들에 비해 더욱 어렵게 느껴지는 부분입니다. 하지만 어렵다고 해서 그 주제들을 가볍게, 또는 소홀히 다루기에는 수학이라는 학문을 익히고 이해하는 데에 있어서 그 중요도나 의미가 상당히 큽니다.

필자도 중고등학교 시절 학교에서 수학을 배우면서 명제나 증명이 가끔은 재미있기도 하고 흥미롭기도 한 주제들이었지만 단순히 공식을 암기하고 계산을 한다고 해서 정답을 찾을 수 있는 것은 아니었기에 답답함과 어려움을 느꼈던 적이 많았습니다. 그러나 대학에서 더욱 깊이 있는 수학을 접하고 학생이 아닌 교사로서 수학을 가르치는 입장에 서 보니 명제나 증명이야말로 수학에서 가장 기본적이고 핵심이 되는 부분임을 알게 되었습니다. 하나의 추측으로 시작된 명제, 그리고 그것의 참, 거짓을 밝히고자 하는 노력의 하나인 증명, 이것들이 바탕이 되어 오늘날 우리가 배우는 수학적 지식이 완성되었을 뿐 아니라 앞으로도 계속 수학분야가 발전해 나아가는 데에 중심적인 역할을 할 것입니다.

학생들이 이렇듯 중요한 주제들을 학교 수학을 통해 배울 때 그 내용을 조금이라도 더 쉽게 이해하고 중요성과 필요성을 느낄 수 있기를 기대하는 마음으로 이 책을 쓰기 시작했기 때문에 각 교시에 등장하는 개념들을 가능하면 자세하고 쉽게 설명하고자 했습니다. 각 교시의 앞과 뒤에 있는 부록을 잘 활용한다면 이해에 더 많은 도움이 될 것입니다. 이 책을 통해 학생들이 '논리의 힘' 을 느낄 수 있기를 기대합니다.

2008년 4월 **황 선 희**

# 차례

## 1 이 책은 달라요

《**러셀**이 들려주는 **명제와 논리** 이야기》는 딱딱하고 어렵게 느껴질 수 있는 명제와 논리 이야기를 이미 알고 있는 여러 가지 도형의 정의와 성질, 그리고 수의 종류 등을 이용하여 재미있게 풀어 나갑니다. 아이들은 러셀 선생님과 함께 명제의 의미를 익히고, 그 이해를 바탕으로 하여 명제를 집합과 연관 지어 생각해 보기도 하고 그것의 참, 거짓을 확인하는 과정에 대해서도 자세히 알게 됩니다. 또한 러셀 선생님은 흥미로운 이야기를 통해 논리적으로 보이는 문장이 참이 되기도 하고 거짓이 되기도 하는 모순에 빠지는 패러독스를 알려줍니다. 아이들은 논리와 패러독스를 배우면서 논리적으로 사고하고 판단하는 것의 중요성을 인식하게 되고 스스로도 주어진 상황을 정확히 파악하여 논리적인 결론을 얻는 연습을 하게 됩니다.

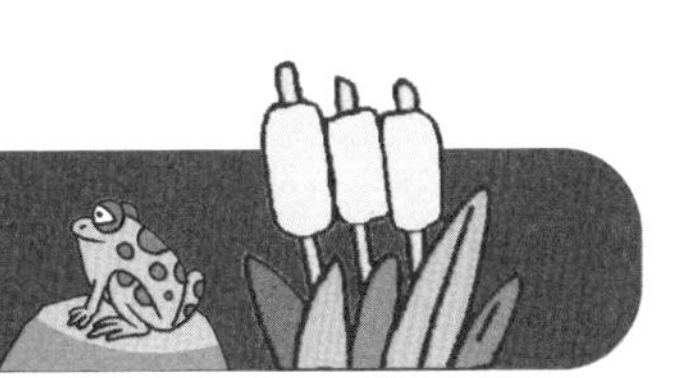

## 2 이런 점이 좋아요

1 우리가 일상생활 속에서 생각하고 판단하고 행동하는 모든 것이 논리와 관련이 있음을 깨닫게 됩니다. 도형이나 수와 연관된 여러 가지 수학적 개념과 성질들이 단지 그 자체만으로 중요성을 갖는 것이 아니라 더욱더 새롭고 발전된 수학적 발견을 이루어내는 데에 중요한 기초가 됨을 알게 됩니다.

2 초등학생과 중학생에게는 명제의 의미를 이해하고 그 의미를 토대로 명제와 관련된 다양한 수학적 개념을 익히는 기회를 줍니다. 이러한 개념들 중에는 아직 배우지 않은 것도, 즉 고등학교에서 배우게 될 내용도 있습니다. 하지만 쉽게 설명되어 있어 초등학교와 중학교에서 배운 수학적 지식만으로도 개념과 명제를 깊게 이해할 수 있습니다.

3 고등학생에게는 명제와 증명, 논리적 추론과 패러독스에 관련된 기초적인 내용과 그와 연관된 흥미로운 이야기들을 제공합니다. 이미 알고 있는 내용에 대해서는 복습하는 기회를 제공하며 동시

에 함께 제시된, 교과서에 소개되지 않은 내용은 수학적 지식의 깊이를 넓히는 데 도움을 줍니다.

## 3 교과 과정과의 연계

| 구분 | 단계 | 단원 | 연계되는 수학적 개념과 내용 |
|---|---|---|---|
| 초등학교 | 4-가 | 삼각형 | • 이등변삼각형 |
| | 4-나 | 수직과 평행 | • 평행선의 성질 알기 |
| | 4-나 | 사각형과 도형 만들기 | • 직사각형, 정사각형 |
| | 5-나 | 도형의 합동 | • 삼각형의 합동 |
| 중학교 | 7-나 | 기본 도형 | • 평행선과 엇각, 삼각형의 합동조건 |
| | 7-나 | 평면도형의 측정 | • 삼각형의 내각의 성질 |
| | 8-나 | 삼각형의 성질 | • 명제, 명제의 역, 정의, 증명 |
| | 9-가 | 제곱근과 실수 | • 무리수와 실수 |
| 고등학교 | 10-가 | 집합 | • 집합과 원소, 집합의 포함 관계 |
| | 10-가 | 명제 | • 명제, 명제와 집합, 필요조건과 충분조건 |
| | 수 I | 수학적 귀납법 | • 수학적 귀납법 |

## 4 수업 소개

### 첫 번째 수업_명제란

명제가 무엇인지 그 정의를 알아보고 명제가 어떤 형식으로 이루어져 있는지를 공부합니다.

- 선수 학습 : 등식의 종류, 항등식과 방정식에 대한 이해
- 공부 방법 : 항등식과 방정식을 예로 들어 어떤 식에 대해 참과 거짓을 판별할 수 있는지를 알아보고 명제의 정의를 배워봅니다. 그리고 명제가 갖고 있는 특정한 형식에 대해서도 알아봅니다.
- 관련 교과 단원 및 내용

– 7-가 일차방정식 단원의 항등식과 방정식의 뜻을 통해 참과 거짓의 의미를 생각해 봅니다.

– 8-나 삼각형의 성질 단원에 나오는 명제의 뜻을 익히고, 이를 바탕으로 명제인 것과 명제가 아닌 것을 구별합니다.

– 8-나 삼각형의 성질 단원에서 주어진 명제를 가정과 결론으로 나눌 수 있음을 배웁니다.

### 두 번째 수업 _ 증명이란

어떤 명제가 참임을 밝히는 과정인 증명과 거짓임을 밝히는 과정인 반례에 대해 알아봅니다.

- 선수 학습 : 피타고라스 정리에 대한 이해, 실수의 구분, 맞꼭지각
- 공부 방법 : 어떤 명제가 참이거나 거짓일 때 그것이 실제로 참인지, 또는 거짓인지를 확인하는 과정이 필요함을 인식하고 증명과

반례에 대해 배웁니다.

• 관련 교과 단원 및 내용

- 8-나 삼각형의 성질 단원에서 증명에 필요한 정리, 공리, 정의 등의 개념을 알게 됩니다.
- 9-가 제곱근과 실수 단원에서 수의 범위를 무리수까지 확장하게 되며, 실수를 구분하여 수의 종류가 다양함을 깨닫고 그들 사이의 포함관계를 배웁니다.
- 9-나 피타고라스의 정리 단원에 나오는 도형의 분할을 이용한 피타고라스 정리의 증명을 익힙니다.
- 10-가 명제 단원에 있는 반례의 뜻을 공부합니다.

## 세 번째 수업 _ 증명과 반례

주어진 명제들에 대해 그 참, 거짓을 구별해 보고 참인 명제에 대해서는 증명을, 거짓인 명제에 대해서는 반례를 직접 찾아보는 기회를 갖습니다.

• 선수 학습 : 삼각형의 내각의 성질, 삼각형의 합동 조건, 평행선의 성질

• 공부 방법 : 주어진 명제의 참, 거짓을 직접 판단하여, 참인 명제는 정의와 다른 명제들을 이용하여 논리적으로 증명해보고 거짓인 명제

에 대해서는 그것이 거짓임을 보여주는 반례를 찾아봅니다.

- 관련 교과 단원 및 내용

– 4-나 수직과 평행단원에서 평행선의 의미를 알고 그 성질을 파악합니다.

– 7-나 기본도형 단원의 평행선에 관련된 각의 성질을 익힙니다.

– 7-나 기본도형 단원에서 삼각형의 합동조건을 학습합니다.

– 8-나 삼각형의 성질 단원에서 명제의 증명 과정을 익히고 반례를 찾아봄으로써 참, 거짓을 확인하는 과정을 익힙니다.

## 네 번째 수업 _ 명제와 집합

명제와 집합 사이의 관계에 대해 이해하고 주어진 명제를 집합 사이의 포함관계로 나타내어 봅니다.

- 선수 학습 : 직사각형과 정사각형의 정의, 집합의 정의, 집합 사이의 포함관계
- 공부 방법 : 특정한 명제의 가정과 결론에 해당하는 조건을 만족하는 두 집합의 원소들에 대해 생각해 보고 이를 통해 두 집합 사이에 어떤 포함관계가 성립하는지를 탐구해 봅니다.
- 관련 교과 단원 및 내용

– 4-나 사각형과 도형 만들기 단원에서 직사각형과 정사각형의 뜻

을 파악합니다.

- 7-가 집합 단원에서 집합의 정의를 공부합니다.
- 7-가 집합 단원에서 집합 사이의 포함관계를 이해하고 그 관계를 기호로 나타냅니다.
- 10-가 명제 단원의 명제와 집합 사이의 관계에 대해 생각해 봅니다.

### 다섯 번째 수업 _ 명제의 역, 이, 대우

주어진 명제의 조건들을 부정하거나 그 위치를 바꾸어 역, 이, 대우라는 새로운 명제를 만들어보고, 원래의 명제와 역, 이, 대우 사이의 관계를 공부합니다.

- 선수 학습 : 집합을 벤다이어그램으로 나타내기
- 공부 방법 : 주어진 명제에 변화를 주어 새로운 명제가 만들어질 수 있음을 배우고 역, 이, 대우 개념을 익힙니다. 그리고 원래의 명제와 역, 이, 대우를 간단히 표현해 보고 이들 사이의 관계를 파악해 봅니다.
- 관련 교과 단원 및 내용
  - 7-가 집합 단원의 주어진 조건을 만족하는 집합을 벤다이어그램으로 표현하는 방법을 배웁니다.
  - 8-나 삼각형의 성질 단원에 나오는 명제의 역에 대해 공부합니다.

– 10-가 명제 단원에서 명제의 역, 이, 대우를 학습하고 이들 사이의 관계에 대해 이해합니다.

**여섯 번째 수업 _ 역, 이, 대우의 참, 거짓**

주어진 명제의 참, 거짓이 역, 이, 대우의 참, 거짓과 어떤 관련성이 있는지를 알아봅니다.

- 선수 학습 : 여집합, 명제와 집합 사이의 관계, 명제의 역, 이, 대우
- 공부 방법 : 주어진 명제가 참이라고 가정한 다음, 가정과 결론에 해당하는 조건을 만족하는 두 집합 사이의 다양한 포함관계에 대해 생각해 봄으로써, 원래의 명제와 역, 이, 대우의 참, 거짓이 어떤 관련이 있는지 알아봅니다.
- 관련 교과 단원 및 내용

– 7-가 집합 단원의 여집합을 이해하고 이를 이용하여 두 집합의 여집합 사이의 포함관계에 대해 생각해 봅니다.

– 10-가 명제 단원에서 주어진 명제와 그 역, 이, 대우 사이의 참, 거짓이 어떤 관련성을 갖는지 배웁니다.

– 10-가 명제 단원에서 명제와 그 대우의 참, 거짓이 동일하다는 것을 이용하여 명제를 증명할 수 있음을 이해합니다.

### 일곱 번째 수업_충분조건과 필요조건

충분조건과 필요조건이 무엇인지를 배우고, 명제의 참, 거짓과 충분조건, 필요조건 사이의 관련성을 이해합니다.

- 선수 학습 : 직사각형과 정사각형의 정의
- 공부 방법 : 충분과 필요의 사전적 의미를 생각해 보고 충분조건과 필요조건이 무엇인지를 익힙니다.
- 관련 교과 단원 및 내용

  – 10-가 명제 단원에서 충분조건과 필요조건에 대해 익힙니다.

### 여덟 번째 수업_추론과 증명

귀납적 추론과 연역적 추론에 대해 알아보고 증명도 논리적인 추론의 한 과정임을 이해합니다.

- 선수 학습 : 삼각형의 내각의 성질
- 공부 방법 : 수학자 네이피어의 일화를 통해 추론이 일상생활에서도 흔히 볼 수 있는 친숙한 과정임을 느끼고 수학적 추론에는 어떤 것들이 있는지를 살펴봅니다.
- 관련 교과 단원 및 내용

  – 7-나 평면도형의 측정 단원의 삼각형 내각의 성질을 이해하고 그것을 확인하는 과정에 대해 익힙니다.

### 아홉 번째 수업_귀류법과 수학적 귀납법

수학 명제를 증명하는 방법인 귀류법과 수학적 귀납법이 어떤 증명법인지를 알아봅니다.

- 선수 학습 : 무리수의 정의
- 공부 방법 : 교과서에 자주 소개되는 증명법인 귀류법과 수학적 귀납법이 사용된 증명의 예를 살펴보고 각각이 어떤 특성을 갖는 증명법인지를 이해합니다.
- 관련 교과 단원 및 내용
  - 9-가 제곱근과 실수 단원에서 무리수에 대해 공부합니다.
  - 수 I 수학적 귀납법 단원의 수학적 귀납법을 이용한 증명과 그 구조에 대해 이해합니다.
  - 귀류법을 이용한 증명의 예시를 통해 수리 논술에 자주 등장하는 귀류법에 대해 생각할 수 있는 기회를 가질 수 있습니다.

### 열 번째 수업_패러독스

패러독스가 무엇인지를 이해하고 러셀의 패러독스에 대해서도 알아봅니다.

- 선수 학습 : 모순의 의미, 조건제시법
- 공부 방법 : 설명을 들으면 이해가 가지만 실제로는 일어날 수 없

는 제논의 알쏭달쏭한 질문들을 통해 패러독스가 무엇인지를 알아 봅니다. 그리고 러셀 선생님이 직접 만든 패러독스도 들어보고 그것이 참인지 거짓인지를 확인해 봅니다.

• 관련 교과 단원 및 내용

- 패러독스와 관련된 제논의 이야기를 통해 논리적으로는 타당해 보이나 참과 거짓을 판별할 수 없는 문장에 대해 살펴봅니다.
- 패러독스를 통해 논리적으로 사고하는 방법을 익힐 수 있습니다.
- 수리 논술 자료로 제논의 패러독스와 러셀의 패러독스를 살펴보고 각각의 논리적 추론의 문제점과 둘 사이의 차이점에 대해 생각해 볼 수 있습니다.

으악

# 러셀을 소개합니다

Bertrand Russell (1872~1970)

나는 작가였기 때문에 수많은 책을 썼지만

그래도 수학자로서의 이름을 알리게 된 것은

바로 1903년 저서인 《수학의 원리》입니다.

사실 난 작가로서도 유명했답니다.

1950년에는 노벨 문학상을 받기도 했었지요.

지금은 수학자로서 나 자신을 소개하는 중이니까

다시 수학 이야기로 돌아가야겠지요.

《수학의 원리》는 화이트헤드1861–1947와 함께 쓴 책으로,

19세기 전반에 걸쳐 데데킨트, 칸토르 등과 같은 수학자들의

기호논리학 연구 결과들을 하나로 묶은 것입니다.

## 여러분, 나는 러셀입니다

수학은 진실뿐만 아니라 최상의 아름다움을 갖고 있다. 이것은 조각품의 아름다움과 같이 우리의 나약한 감정의 어떠한 부분에도 호소하지 않고 그림이나 음악과 같이 화려한 장식도 없지만, 최고로 순수하고 단지 최고의 예술만이 보여줄 수 있는 것과 같은 완벽성을 갖고 있는 냉정하고 준엄한 아름다움이다.

–러셀의 《신비주의와 논리학》1918 중에서–

나는 영국에서 태어나 철학자로, 수학자로, 작가로 다양한 삶을 살았습니다.

아주 어린 나이에 부모님이 모두 돌아가셔서 할아버지와 할머니 밑에서 자랐지만 풍족한 생활 덕택에 질 높은 교육을 받으며 자랄 수 있었습니다. 하지만 혼자서 교육을 받았기 때문에 또래의 친구들과 사귈 기회가 거의 없었던 것이 안타까웠지요.

나는 어렸을 때부터 지식이 갖는 확실성에 묘한 매력을 느꼈습니다. 특히 수학은 논리적 확실성을 갖고 있어 다른 학문들보다 더 매력적이었지요. 그래서인지 훗날 수학을 연구하면서 중점을 두었던 것도 '어떻게 하면 수학을 논리학으로 바꿀 수 있을까' 였습니다. 다시 말하자면 수학적 개념을 논리적 개념으로 나타내려는 시도를 하고 수학을 논리적으로 분석하려고 했던 것입니다.

나는 작가였기 때문에 수많은 책을 썼지만 그래도 수학자로서의 이름을 알리게 된 것은 바로 1903년 저서인 《수학의 원리》입니다. 사실 난 작가로서도 유명했답니다. 1950년에는 노벨 문학상을 받기도 했었지요. 지금은 수학자로서 나 자신을 소개하는 중이니까 다시 수학 이야기로 돌아가야겠지요. 《수학의 원리》는 화이트헤드1861~1947와 함께 쓴 책으로, 19세기 전반에 걸쳐 데데킨트, 칸토르 등과 같은 수학자들의 기호논리학 연구 결과들을 하나로 묶은 것입니다. 이 책에는 수학과 논리학을 서로 연결하려는 나의 시도가 잘 드러나 있답니다. 수학의 언어들을 몇 개의 기호로 나타내고 논리의 개념과 연산을 이용하여 참과 거짓을 구별하기도 했지요.

나의 이름은 패러독스와 함께 더 널리 알려졌답니다. '러셀의 패러독스'로 말이지요. 《수학의 원리》를 출판하기 직전에 집합론에서 중요한 패러독스를 발견하고 이것을 사람들에게 제시했습니다. 집합론은 수학의 가장 기본적인 분야인데 그곳에서 패러독스가 발견되었으니 수많은 수학자들이 당황하기 시작했지요. 물론 수학자들을 당황시킨 나의 패러독스도 여러분과 함께 살펴볼 것입니다.

자, 그럼 이것으로 나의 소개를 마치고 명제와 논리의 세계로 함께 가보지요.

안녕하세요. 저는 1950년 노벨문학상을 수상한 아주 아주 훌륭한 소설가랍니다.
러셀 지음
예에?
소설 얘기가 아니라 수학 얘기라고요?
이히히히
그럼 수학자 러셀로 여러분을 만나면 되겠네요.
부끄
부끄
저는 1903년 화이트헤드란 분과 함께 《수학의 원리》란 책을 발표했지요.
수학의 원리
제 이름은 흰머리입니다.
저는 어릴 적부터 논리적인 걸 좋아했습니다.
우와
수학처럼 논리적인 학문은 없어.
그래! 수학과 논리학을 연결시키자.
수학은 곧 논리학
논리학은 곧 수학
이런 저의 연구를 발표한 책이 바로 《수학의 원리》란 책이죠.
수학의 원리
러셀의 패러독스
그리고 저는 패러독스로도 유명하답니다. 흔히 '러셀의 패러독스'라고 하지요.
자! 저와 함께 수학이 얼마나 논리적인지 알아보도록 할까요.
네!

# 명제란

명제는 어떻게 구성되어 있고
어떤 성질을 지니고 있을까요?
참, 거짓을 구별할 수 있는 문장을 찾아내어
명제에 대해 알아봅시다.

## 첫 번째 학습 목표

1. 명제의 정의에 대해 알 수 있습니다.
2. 명제의 형식에 대해 알 수 있습니다.

### 미리 알면 좋아요

참, 거짓을 판단할 수 있는 문장 우리가 일상생활에서 사용하는 문장은 서술문, 의문문, 감탄문, 명령문 등 크게 네 가지로 구분됩니다. 그런데 이 중에서 참이나 거짓인지를 판단할 수 있는 문장은 서술문뿐입니다. 다음 문장들은 서술문, 의문문, 감탄문, 명령문의 각각의 예를 하나씩 적어 놓은 것인데, 이 문장들을 통해서 직접 그 참, 거짓의 판단 여부를 확인해 보세요.

① 서술문 : 세상의 모든 천재들은 키가 작다.
② 의문문 : 왜 너는 실내에서 모자를 쓰고 있니?
③ 감탄문 : 가을 하늘은 정말 높고 파랗구나!
④ 명령문 : 들어오기 전에 반드시 노크하세요.

오늘 수업의 주제는 '명제' 입니다. 명제가 무엇인지 알고 있나요? 아는 학생이 있다면 한 번 설명해 볼래요?

학생들은 머리를 갸우뚱하며 잘 모른다는 표정을 짓고 있었습니다.

너무 어려운 질문이었나 보군요. 그럼 첫 시간이니 쉬운 질문으로 시작하지요. 수학에서 빠질 수 없는 게 바로 기호이지요. 여러분이 알고 있는 수학에서 사용하는 기호들을 한 번 얘기해 보세요.

"+, −, ×, ÷, =, 〈, 〉, …. 너무 많아요."

학생들은 서로 대답하려고 아우성이었습니다.

그럼 그 기호들 중에서 가장 많이 쓰이는 기호는 무얼까요?

한 학생이 대답했습니다.

"등호= 아닐까요?"

맞아요. 우리 수학 교과서를 보더라도 그 안에는 수많은 문제들이 담겨 있고 그 문제들의 대부분은 등호를 사용한 식으로 주어져 있습니다. 물론 문제의 풀이에도 많은 등호가 사용되지요.

등호를 사용한 식을 '등식'이라고 합니다. 그리고 문자를 포함한 등식은 항등식과 방정식으로 나뉘지요. 이해를 돕기 위해 예를 들어 보겠습니다.

$$x+1=1+x \qquad x+1=2$$

왼쪽에 있는 식은 항등식입니다. 즉 문자 $x$에 어떤 수를 대입하더라도 등호가 항상 성립하지요. 하지만 오른쪽에 있는 식의 문자 $x$에는 반드시 1을 대입해야만 등호가 성립합니다. 다른 수를 대입하면 등호가 성립하지 않죠. 이러한 등식을 우리는 방정식이라고 부릅니다. 자, 항등식과 방정식이 어떻게 다른지 이해했나요?

학생들은 항등식과 방정식의 $x$에 여러 수를 대입해 보고는 이해한다는 듯이 고개를 끄덕였습니다. 어떤 학생이 초롱초롱한 눈빛으로 선생님에게 말했습니다.

"그러니까 항등식은 $x$에 어떤 수를 넣든 상관없이 등호가 성립하는 식이고, 방정식은 $x$에 특정한 수를 넣어야만 등호가 성립하는 식인 거죠."

정말 잘 이해했군요. 간단히 정리를 해보죠. 주어진 등식의 문자에 어떤 수를 대입하더라도 항상 참이 되는 식을 항등식, 그리고 주어진 등식의 문자에 어떤 수를 대입하면 참이 되기도 하고 거짓이 되기도 하는 식을 방정식이라고 합니다.

항등식과 방정식을 잘 설명해주었던 바로 그 학생이 외쳤습니다.

"아! 참과 거짓이란 말은 명제와 관련이 있는 것이군요!"

그렇죠. 수업을 시작할 때 얘기했던 것처럼 오늘의 주제는 명제입니다. 그리고 이 명제라는 용어는 수학이 어떤 학문인지를 설명하는 데 있어서 매우 중요합니다. 다시 말해 명제는 수학의 특성과 밀접한 관련이 있는 것이지요. 바로 앞서 설명했던 등식만을 보더라도 이 특성이 잘 드러납니다.

학생들은 선생님의 설명이 쉽게 이해되지 않는 듯 했습니다.

"등식과 수학의 특성이라……? 너무 어려워요. 쉽게 설명 좀 해주세요."

등식이 두 종류라는 것은 이미 설명했지요? 그리고 그 두 가지가 항등식과 방정식이라는 것도 말이지요. 이 두 가지를 구별하는 기준이 무엇이었나요?

"항상 참이 되는 것과 그렇지 않은 것이요."

맞습니다. 수학은 상당히 논리적인 학문이고, 그래서 애매모호한 것을 싫어하지요. 수학은 이처럼 참과 거짓이 명백하게 구별되는 것에만 관심을 갖습니다. 그리고 우리는 이러한 참과 거짓을 명확히 판별할 수 있는 문장이나 식을 명제라고 합니다. 다음 문장들과 식을 한 번 보세요. 어느 것이 명제이고 어느 것이 명제가 아닌지 쉽게 구별할 수 있나요?

· $4-3=43$

· $x-3=3$

· 단풍이 아름답다

· 두 짝수의 합은 짝수이다

맨 앞에 앉아 있던 학생이 한참을 고민한 끝에 대답했습니다.

"우선 첫 번째 식은……, 4와 3의 차를 구하면 1인데 43이라고 했으니까 틀린 식이에요. 틀린 식이니까 그럼 명제가 아닌가……?"

자신 없는 듯 말끝을 흐리자 옆에 있던 학생이 대신 대답을 이었습니다.

"참, 거짓을 명확하게 판별할 수만 있으면 명제라고 했으니까 '4－3＝43' 은 명제에요. 누가 봐도 이 식은 확실히 거짓이잖아요. 그러니까 거짓인 명제!"

그렇죠. 틀린 것이라 해서, 그러니까 거짓이라고 해서 명제가 아닌 것이 아니라 어느 누구든 거짓이라고 확언할 수 있다면 그 문장이나 식은 명제인거죠. 그럼 나머지도 명제인지 아닌지 대답해 볼래요?

이번에는 여러 명의 학생이 선생님의 눈에 쉽게 띄도록 손을 높이 들며 서로 대답하려고 했습니다.

"두 번째 식은 방정식이니까 $x$값에 따라서 참이 되기도 하고 거짓이 되기도 해요. 즉 명제가 아니고요. 세 번째 문장도 마찬가지로 명제가 아니에요. 사람마다 생각이 다를 수 있거든요. 어떤 사람에게는 단풍이 아름다울 수 있지만 또 어떤 사람에게는 그렇지 않을 수도 있어요. '참이다' 또는 '거짓이다' 라고 확언할 수 없으니까 명제라 할 수 없죠. 하지만 네 번째 문장은 참이라고 명확하게 답할 수 있는 문장이니까 명제에요."

정말 잘 이해했군요. 그럼 이제는 명제의 형식에 대해 알아보겠습니다. 명제는 어떤 형식으로 이루어져 있을까요? 형식이라는 말이 다소 어려울 수도 있겠군요. 명제의 형식이란 명제를 이루고 있는 요소가 다른 것으로 바뀌어도 변함없이 남는 명제의 부분을 말합니다. 위에서 명제인 식과 문장을 유심히 살펴보세요. 혹시 명제의 형식을 발견했나요?

어려운 질문이었는지 교실은 한동안 침묵이 이어졌습니다. 그러던 중 한 학생이 우물거리며 말하기 시작했습니다.

"'4－3＝43' 에서 명제를 이루는 요소를 다른 것으로 바꾸어도 남는 부분이 명제의 형식인거죠? 예를 들어, '5－4＝54' 라고 바꾸면 '－' 와 '＝' 이 바뀌지 않는데, 이것이 명제의 형식인가요? 아닌 거 같아요. 왜냐하면 '두 짝수의 합은 짝수이다' 도 명제이지만 이 문장에는 '－' 와 '＝' 은 전혀 사용되지 않았거든요. 도대체 명제의 형식은 무엇을 말하는 거죠?"

그렇죠. 식이든 문장이든 참과 거짓을 명확히 판별할 수만 있다면 명제이니까 식과 문장에서는 공통된 형식을 발견하기가 어렵지요. 그럼 '4－3＝43' 을 이렇게 읽어보면 어떨까요? '4에서 3을 빼면 43이다' 라고 말이지요. 그리고 '두 짝수의 합은 짝수이다' 는 '두 짝수를 더하면 짝수이다' 라고요.

4－3＝43 → 4에서 3을 빼면 43이다

두 짝수의 합은 짝수이다 → 두 짝수를 더하면 짝수이다

이번에는 그 학생이 또박거리는 말투로 선생님께 질문했습니다.

"어, 그렇게 하면 명제의 요소가 바뀌어도 변함없는 부분이 생기네요. '……하면' 과 '……이다' 가 공통적으로 쓰였는데 그럼 이것이 명제의 형식인가요?"

맞습니다. 주어진 문장이나 식이 명제인 경우에는 어떠한 경우라도 '……이면 ……이다' 와 같은 모양으로 바꾸어 말할 수

있는데, 이것이 바로 명제의 형식이지요. 그리고 이때, ……에 해당하는 것을 조건이라고 하는데, 특히 '이면' 의 앞부분의 ……을 가정, 뒷부분의 ……을 결론이라고 합니다. 그러니까 위의 첫 번째 예에서는 '4에서 3을 빼는 것' 과 '43' 은 조건에 해당됩니다. 이 중 '4에서 3을 빼는 것' 은 가정, 그리고 43은 결론이 되는 것이지요.

| 4에서 3을 빼면 | / | 43이다 |
| --- | --- | --- |
| 조건가정 | | 조건결론 |

| 두 짝수를 더하면 | / | 짝수이다 |
| --- | --- | --- |
| 조건가정 | | 조건결론 |

선생님께 질문했던 학생은 무언가 대단한 발견을 한 것처럼 자리에서 벌떡 일어나 말했습니다.

"정리를 해보면 명제는 참과 거짓을 명확히 판별할 수 있는 문장이나 식을 말하는 것이지요. 그리고 이러한 명제는 특정한 형식을 갖추고 있는데 그것이 바로 가정과 결론이에요. 즉 모든 명제는 가정과 결론으로 이루어져 있는 것이지요."

선생님 대신 정리까지 깔끔하게 해 주었군요. 그럼 첫 시간은 이것으로 마치겠습니다. 다음 시간에는 증명과 그와 관련된 다른 수학적 용어들에 대해 살펴볼 것입니다. 두 번째 시간이라 좀 더 어려워질 수 있으니 각오를 단단히 하고 철저히 준비해서 오도록 하세요.

## 첫번째 수업 정리

**1 명제**

참과 거짓을 명확히 판별할 수 있는 문장이나 식을 말합니다.

2 어떤 명제가 주어졌을 때 그 명제를 이루고 있는 요소를 다른 것으로 바꾸어도 변함없이 남아 있는 부분이 있는데, 그것을 명제의 형식이라고 합니다.

3 명제는 '……이면 ……이다' 와 같은 형식을 갖습니다. 이때 ……에 해당하는 것을 조건이라고 하며 특히 '이면' 의 앞부분의 ……을 가정, 뒷부분의 ……을 결론이라고 합니다.

# 증명이란

주어진 수식이나 문장이 참인지, 거짓인지 확인하는 방법은 없을까요?
이와 관련된 내용을 피타고라스 정리 같은 문제를 통해 배워 봅시다.

## 두 번째 학습 목표

1. 증명의 뜻을 알고 그 필요성에 대해 생각할 수 있습니다.
2. 반례의 정의를 알 수 있습니다.

### 미리 알면 좋아요

1. 피타고라스의 정리 '직각삼각형의 빗변의 길이의 제곱은 나머지 두 변의 길이의 제곱의 합과 같다'라는 유명한 정리입니다. 이 증명에 대한 기록을 처음으로 남긴 사람이 고대 그리스의 피타고라스였기 때문에 그의 이름이 붙여진 것으로 추측됩니다.

예를 들어, 세 변의 길이가 각각 3, 4, 5인 삼각형은 직각삼각형이 됩니다. 이때 직각과 마주보고 있는 길이가 5인 가장 긴 변, 즉 빗변의 길이를 제곱한 값은 나머지 두 변의 길이인 3과 4의 제곱의 합과 같습니다.

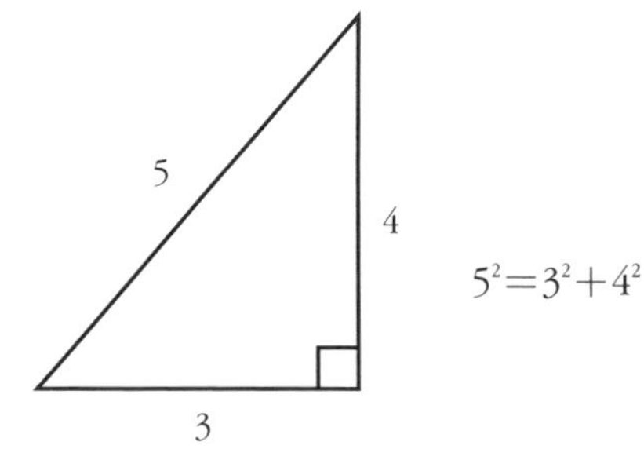

2. 정리 참임이 밝혀진 명제 중에서 중요하고 기본이 되는 것을 정리라고 합니다. 정리는 이미 참임이 확인된 것이기 때문에 여러 가지 성질을 증명할 때 많이 활용됩니다.

예를 들어, '평각의 크기는 180°이다', '대응하는 세 변의 길이가 각각 같은 두 삼각형은 합동이다' 등은 모두 정리에 해당됩니다.

3. 정의 용어의 뜻을 명확하게 정한 문장을 말합니다.

예를 들어, 몇 가지 도형의 정의를 살펴보면 다음과 같습니다.

① 정삼각형 : 세 변의 길이가 같은 삼각형

② 직각삼각형 : 한 내각의 크기가 직각인 삼각형

③ 마름모 : 네 변의 길이가 모두 같은 사각형

④ 사다리꼴 : 한 쌍의 대변이 평행한 사각형

4. 공리 참임을 밝히거나 설명하지 않더라도 옳다고 인정할 수 있는 것을 말하며, 이것은 유클리드의 저서인 《기하학 원론》에 소개되어 있습니다.
어떤 명제가 참임을 확인하기 위해서는 그 명제보다 앞서 참임이 확인된 또 다른 명제가 필요하며, 다시 여기에 사용된 명제 또한 그 이전에 이미 참임이 확인된 명제로부터 참임이 밝혀진 것이어야만 합니다. 하지만 이러한 과정을 한없이 계속할 수 없기 때문에 처음부터 참임을 인정해야 하는 어떤 유한개의 명제가 필요한데, 이것이 바로 공리입니다.

5. 우리가 알고 있는 수 사이의 관계는 다음과 같습니다.

- 실수
  - 유리수
    - 정수
      - 양의정수 자연수
      - 영 0
      - 음의정수
    - 정수가 아닌 유리수
      - 유한소수
      - 무한소수(순환소수)
  - 무리수

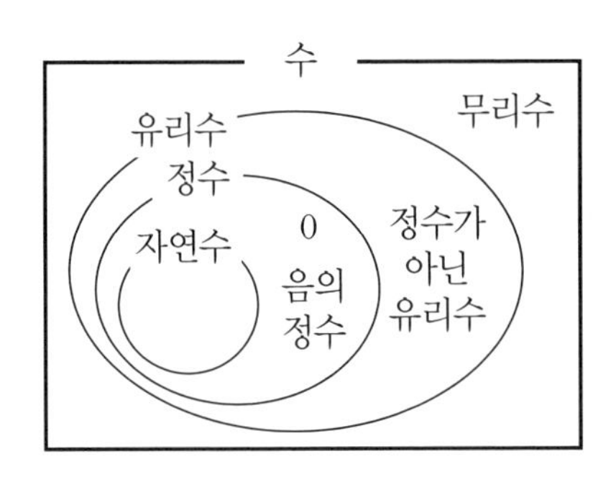

자, 두 번째 수업시간입니다. 지난 시간에 뭘 배웠는지는 잊지 않고 있겠지요?

여기저기서 '명제요!' 라는 대답이 크게 터져 나왔습니다. 물론 몇몇은 우물쭈물 하기도 하고 다른 친구들의 대답을 듣고 입모양으로만 '명제' 라고 하는 학생도 있었습니다.

명제란 지난 시간에 설명했던 것처럼, 참과 거짓을 명확히 판별할 수 있는 문장이나 식을 말합니다. 그리고 이것은 분명한 것을 좋아하는 수학의 특성을 나타내기도 한다고 했습니다. 그럼 수학자들은 참과 거짓인 것을 구별하는 것으로 만족했을까요? 누군가 어떤 명제를 보고 참인 명제라고 했다면, 다른 모든 사람들도 아무런 확인 없이 그것을 참인 명제라고 인정하고 받아들일까요?

학생들은 선생님의 질문에 선뜻 답하지 못하고 그저 조용히 있을 뿐이었습니다. 선생님은 학생들의 반응을 살피며 대답을 기

다렸습니다. 잠시 기다려보아도 대답이 없자 또 다른 질문을 던졌습니다.

오늘 등교하자마자 옆에 앉은 짝이 새로운 소식을 전해주었습니다. 오늘 전학생이 오는데 그 학생이 이전 학교에서 전교 1등이라고 합니다. 여러분은 이 소식을 듣고 어떤 반응을 보일 것 같습니까?

"우선은…… 진짜인지 물어봐야죠. 하지만 짝이 진짜라고 얘기해도 직접 보지 않으면 못 믿을 거 같긴 해요. 전학생이 오면 또 물어보겠죠, 전교 1등이었냐고요. 성적표를 보여 달라고 할지도 모르겠어요. 그럼 사실이라고 확실히 믿을 수 있을 테니깐……."

그렇죠. 짝이 전해준 소식이 사실인지 아닌지를 확인하려면 전학생에게 직접 물어보던지 아니면 성적표를 확인해야겠지요?

이제야 학생들은 조금씩 고개를 끄덕이기 시작했습니다.

명제도 마찬가지입니다. 한 사람이 어떤 명제에 대해 참이라고 또는 거짓이라고 판단을 내렸더라도 그 말을 아무런 확인 없이 받아들일 수는 없는 일입니다. 전학생이 실제로 전교 1등이었는지를 확인하는 것처럼, 명제에 대해서도 참인지 거짓인지를 확인하는 작업이 필요한 것이지요.

이번에는 대부분의 학생들이 고개를 끄덕였습니다.

그럼 어떻게 참인지 거짓인지를 확인할 수 있을까요? 유명한 피타고라스 정리를 예로 들어보겠습니다.

'직각삼각형의 빗변 길이의 제곱은 나머지 두 변 길이의 제곱의 합과 같다'

물론 우리는 피타고라스 정리를 이용하여 문제를 해결할 때마다 이것이 참인지, 거짓인지를 밝히지는 않습니다. 당연히 참이라고 생각하고 문제 해결에 이용하지요. 하지만 처음부터 수학자들이 아무런 확인도 하지 않고 이것을 참이라고 받아들이지는 않았을 것입니다. 그렇다면 수학자들은 이것이 참임을 어떻게 알았을까요? 직각삼각형 ABC의 세 변의 길이를 $a$, $b$, $c$라고 두고, 직각삼각형을 이루는 모든 $a$, $b$, $c$를 구하여 등식 $c^2=a^2+b^2$에 대입해 보았을까요? 만약 그렇게 했더라면 오늘날까지도 새로운 $a$, $b$, $c$의 값이 등장할 때마다 등식이 성립하는지를 확인해보아야 할 테고, 이 등식이 참인지는 아직도 의문으로 남아 있겠지요.

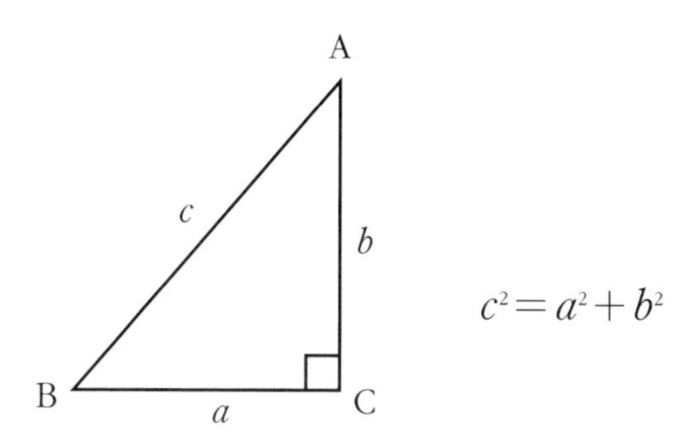


추측하건대, 피타고라스는 아마도 다음과 같이 도형의 분할을 이용하여 이것이 참임을 밝혔을 것입니다.

우선 세 변의 길이가 $a$, $b$, $c$인 직각삼각형 네 개를 다음장의 그림과 같이 배열합니다. 그리고 이번에는 다시 네 개의 직각삼각형으로 똑같은 두 개의 직사각형을 만든 다음 오른쪽 그림과 같이 배열합니다. 두 배열은 모두 한 변의 길이가 '$a+b$' 인 정사각형을 이루고 있으므로 각각에서 네 개의 직사각형의 넓이를 제외한 나머지 넓이도 같습니다. 즉 $c^2=a^2+b^2$임을 알 수 있는 것이지요.

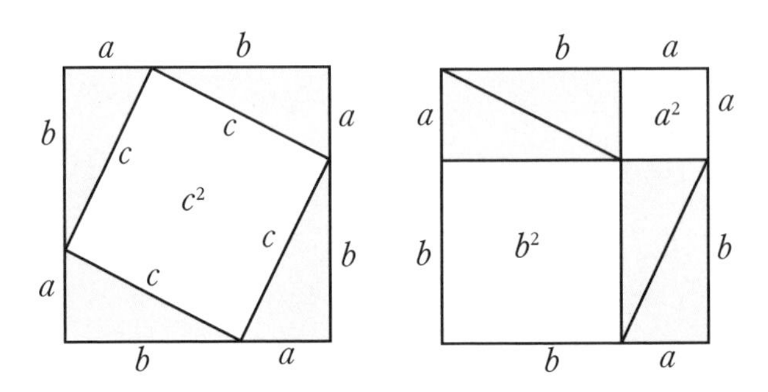


이와 같이 이미 알고 있는 옳은 사실이나 성질을 근거로 하여 이론적으로 어떤 명제가 참임을 밝히는 과정을 바로 증명이라고 합니다. 그리고 참임이 밝혀진 명제 중에서 중요하고 기본이 되는 것을 정리라고 부릅니다. 피타고라스 정리도 다른 사실을 증명할 때 자주 사용하는, 기본이 되는 참인 명제이기 때문에 정리라는 명칭을 얻은 것입니다.

어려울 수도 있지만 '정리'를 설명한 김에 '정의'와 '공리'에 대한 설명도 덧붙이는 것이 좋을 것 같군요. 증명은 어떤 명제가 참임을 밝히는 과정이며, 이 때 그 과정에 바탕이 되는 것은 '이미 알고 있는 옳은 사실이나 성질'이라고 했습니다. 이것이 바로 '정의'와 '공리'입니다. 자세히 설명하자면, 정의란 용어의 뜻을 명확하게 정하는 것을 말합니다. 특히, 수학에서는 수학 용어, 기호에 대하여 그 수학적 의미를 규정한 것을 말하지요. 다음은 우리가 이미 알고 있는 몇 가지 정의를 적어 놓은 것입니다.

· 정다면체는 '다면체 중에서 각 면이 모두 합동인 정다각형이고, 각 꼭짓점에 모여 있는 면의 개수가 같은 다면체' 이다.
· 원은 '한 점으로부터 일정한 거리에 있는 점들의 모임' 이다.
· 명제는 '참, 거짓을 판단할 수 있는 문장' 이다.

자, 이제 공리를 설명해보지요. 공리란 증명하지 않고도 옳다고 인정할 수 있는 것, 즉 '증명이 필요 없는 명확한 명제' 를 말합니다. 고대 그리스 수학자인 유클리드는 다음과 같이 5개의 공리를 제시했습니다.

중요 포인트

**유클리드의 5개의 공리**

같은 것과 같은 것은 서로 같다.
같은 것들에 같은 것들을 더하면, 합들은 서로 같다.
같은 것들에서 같은 것들을 빼면, 나머지들은 서로 같다.
서로 일치하는 것들은 서로 같다.
전체는 그 부분보다 크다.

부연 설명이 조금 길었지요? 그럼 다시 증명 이야기로 돌아가지요.

한 학생이 이상하다는 표정을 지으며 질문했습니다.

"아까 선생님께서 증명의 뜻을 얘기해주실 때부터 궁금했었는데요. 참임을 밝히는 과정이 증명이라고 하셨잖아요. 그렇다면, 거짓임을 밝히는 것은 증명이라고 하지 않나요? 아니면 거짓임을 밝히는 과정은 없는 건가요?"

무척 예리한 질문인데요. 첫 번째 수업시간에 보았던 명제를 다시 한 번 살펴볼까요?

$$4-3=43$$

“어! 그 명제는 거짓인 명제인데요.”

선생님이 칠판에 명제를 적자마자 앞서 질문한 학생이 말했다.

맞습니다. 그럼 이 명제가 왜 거짓인지를 설명해볼래요?

“4에서 3을 빼면 1이 되는데 43이라고 했으니까 당연히 거짓인 명제죠.”

그렇지요. 이미 알고 있는 옳은 사실이나 성질, 즉 정의나 다른 명제를 이용하지 않더라도 명제가 거짓이라는 것이 쉽게 설명되기 때문에 증명이라고 볼 수 없습니다. 그럼 다른 거짓인 명제도 살펴볼까요?

$a>2$ 이면 $a>3$ 이다

“2보다 큰 수는 3, 4, 5, …인데 이 수들이 모두 3보다 큰 건 아니니 거짓인 명제에요.”

설명을 잘 해주었습니다. ‘$4-3=43$’ 이라는 명제보다는 좀 더 까다로운 거짓 명제였는데도 말이지요. 얼핏 보면 4, 5, 6, …은 2보다 크면서 3보다도 크기 때문에 이 명제가 참이라고 생각할 수도 있지만, 3은 2보다는 크지만 3과 같기 때문에 거짓이라고 해야 옳은 것이지요.

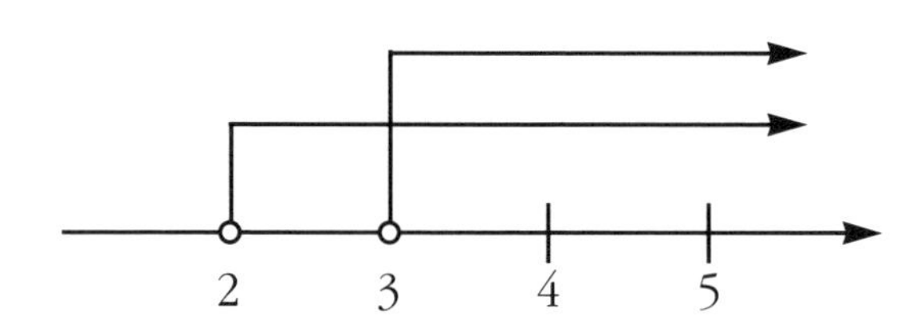


"단 하나의 숫자 때문에 거짓이라고 하는 게 좀 억울한 거 같아요."

억울하다……. 음……, 정말 그런가요?
2보다 큰 수는 3, 4, 5, … 뿐인가요?
"어……, 맞는데요."

여기저기서 몇 학생이 작은 소리로 대답했습니다. 몇몇의 학생은 선생님의 질문에 확실한 대답을 하지 못한 채 의아하다는 표정을 지었습니다.

힌트를 줄까요? 수에는 자연수 말고도 다른 종류의 수들이 많이 있답니다.

"아! 정수, 유리수, 무리수, ……."

한 학생이 큰 소리로 대답했습니다. 그러자 다른 학생들이 2보다 큰 수들을 말하기 시작했습니다.

"2.1, 2.2, 2.07, $\frac{5}{2}$, …."

그렇습니다. 2보다 큰 유리수는 무수히 많습니다. 이러면 단 하나의 숫자 때문에 거짓이라고 한 것이 아니므로 억울함이 좀 풀리는 건가요?

자, 여기서 중요한 것은 두 가지입니다. 이 명제의 경우에도 거짓임을 밝히는 데 정의나 다른 명제를 이용하지 않았지요? 즉 거짓임을 밝히는 과정에서는 정의나 다른 명제가 필요하지 않습니다. 그래서 증명이라고는 볼 수 없는 것이지요. 또 다른 중요한 한 가지는 반례라는 용어인데, 이것은 어떤 명제가 거짓임을 밝히는 구체적인 예를 의미하는 용어입니다. 앞서 살펴본 명제

'$a$〉2이면 $a$〉3이다' 의 경우에는 3, 2.1, $\frac{5}{2}$ 등이 반례가 되는 것이지요. 앞서 어떤 학생은 정수 범위에서만 반례를 찾는 실수를 하는 바람에 반례가 3 하나뿐이라 억울하다고 했었지요? 하지만 어떤 명제가 거짓임을 밝히는 데에는 거짓이 되는 예 하나만으로도 충분하답니다. 단 하나라도 거짓인 경우가 있다면 그것을 참이라 할 수는 없는 것이지요.

앞서 실수를 했던 학생은 쑥스러운 듯 머리를 긁적거리며 말했습니다.

"그러니까 어떤 명제가 거짓이라고 판단할 때에는 증명이 아니라 반례가 필요한 거죠. 그리고 반례가 하나뿐이더라도 그 명제가 거짓임을 밝히기에는 충분한 것이고요."

이제는 반례의 의미에 대해 정확히 이해한 것 같군요. 실수한 부분에 대해서도 다시 잘 이해했으니 앞으로는 절대 실수하지 않겠는데요.

지금까지 공부한 것을 간단히 정리해보겠습니다. 명제란 참과 거짓을 명확히 판별할 수 있는 문장이나 식인데, 우리는 이러한 참, 거짓을 밝히는 과정을 각각 증명과 반례라고 합니다. 증명을 할 때에는 정의나 이미 참으로 밝혀진 다른 명제를 이용하며, 반례는 명제가 거짓임을 설명하는 한 예로 반례가 하나밖에 없더라도 우리는 그 명제를 거짓이라고 합니다.

증명과 반례의 이야기가 좀 길어졌지요? 모두들 오늘 배운 증명과 반례의 의미를 잘 기억하기 바랍니다. 다음 시간에는 이것을 직접 연습해보는 시간을 갖겠습니다. 마지막으로 다음 시간을 위해 수필 속에 등장한 증명을 소개하면서 오늘 수업을 마치겠습니다.

이 수필은 양주동의 《몇어찌》인데, '몇어찌'란 기하幾何 몇 기何 어찌 하를 풀이하여 말한 것으로, 기하란 기하를 뜻하는 영어 단어인 geometry의 'geo'의 중국식 음역입니다. 이 수필 속에는

‘대정각은 서로 같다’ 라는 명제가 참임이 증명되어 있습니다. ‘대정각’ 이란 용어가 낯설겠지만 이것은 맞꼭지각을 의미하는 말로, 즉 ‘맞꼭지각의 크기는 서로 같다’ 의 증명이 소개되어 있는 것입니다.

다음날의 기하 시간이었다. 공부할 문제는 ‘정리1. 대정각은 서로 같다’ 를 증명하는 것이었다. 나는 또 손을 번쩍 들고,

“두 곧은 막대기를 가위 모양으로 교차, 고정시켜 놓고 벌렸다 닫았다 하면, 아래위의 각이 서로 같을 것은 정한 이치인데, 무슨 다른 ‘증명’ 이 필요하겠습니까?”

하고 말했다. 선생님께서는 허허 웃으시고는, 그건 비유지 증명은 아니라고 하셨다.

“그럼, 비유를 하지 않고 대정각이 같다는 걸 증명할 수 있습니까?”

"물론이지. 음, 봐라."

선생님께선 칠판에다 두 선분을 교차되게 긋고, 한 선분의 두 끝을 A와 B, 또 한 선분의 두 끝을 C와 D, 교차점을 O, 그리고 $\angle AOC$를 $a$, $\angle COB$를 $b$, $\angle BOD$를 $c$라 표시한 다음, 나에게 질문을 해 가면서 칠판에다 식을 써 나가셨다.

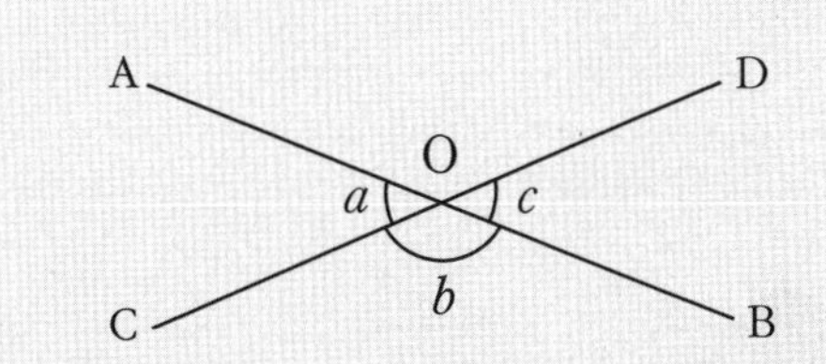


"$a+b$는 몇 도?"

"$180^\circ$ 입니다."

"$b+c$도 $180^\circ$ 이지?"

"예."

"그럼, $a+b=b+c$이지?"

"예."

"그러니까, $a=c$ 아니냐."

"예, 그런데 어찌 됐다는 말씀이십니까?"

"잘 봐라, 어떻게 됐나."

"아하!"

멋모르고 "예, 예." 하다 보니 어느덧 대정각$a$와$c$이 같아져 있지 않은가! 그 놀라움, 그 신기함, 그 감격, 나는 그 과학적, 실증적 학풍 앞에 아찔한 현기증을 느끼면서 내 조국의 모습이 눈앞에 퍼뜩 스쳐감을 놓칠 수 없었다. 현대 문명에 지각하여 영문도 모르고 무슨 무슨 조약에다 "예, 예." 하고 도장만 찍다가, 드디어 "자 봐라, 어떻게 됐나." 하는 망국의 슬픔을 당한 내 조국! 오냐, 신학문을 배우리라. 나라를 찾으리라. 나는 그 날 밤을 하얗게 새웠다.

–양주동의 수필 《몇어찌》 중에서–

두번째
# 수업 정리

**1 증명**

이미 알고 있는 옳은 사실이나 성질을 근거로 하여 이론적으로 어떤 명제가 참임을 밝히는 과정을 말합니다.

2 증명을 할 때 필요한 '이미 알고 있는 옳은 사실이나 성질'은 '정의와 공리'를 말하는 것입니다.

**3 반례**

어떤 명제가 거짓임을 밝히는 구체적인 예를 의미합니다.

4 어떤 명제에 대해 그것이 거짓이 되는 예가 하나만 있더라도, 즉 반례가 하나뿐이더라도 그 명제는 참이 아닌 거짓입니다.

# 증명과 반례

증명과 반례의 차이를 정확하게 이해했나요?
증명과 반례를 활용한 다양한 예들을 보면서
각각의 의미를 정확하게 음미해 봅시다.

## 세 번째 학습 목표

1. 명제를 증명하는 순서에 대해 알 수 있습니다.
2. 거짓인 명제에 대해 그 반례를 찾을 수 있습니다.

### 미리 알면 좋아요

1. 이등변삼각형 이등변삼각형은 '두 변의 길이가 같은 삼각형'을 말합니다.
이등변삼각형은 다음과 같은 두 가지 성질을 갖습니다.
① 이등변삼각형의 두 밑각의 크기는 같다.
② 이등변삼각형에서 꼭지각의 이등분선은 밑변을 수직이등분한다.

2. 평행선의 성질
① 한 직선이 평행선과 만날 때, 동위각과 엇각의 크기는 각각 같다.
② 한 직선과 두 직선이 만날 때, 동위각이나 엇각의 크기가 같으면 두 직선은 평행하다.

지난 시간에 얘기했던 것처럼 오늘 이 시간에는 증명과 반례를 직접 연습해 보겠습니다. 우선 다음 명제들이 참인지, 거짓인지를 구별해 보세요. 명제가 참이라면 그것이 참임을 밝히는 과정인 증명이 필요하며, 거짓이라면 거짓임을 확인할 수 있는 반례가 필요합니다. 거짓인 명제부터 구별해 보고 그 반례를 찾아보도록 하지요.

① 모든 소수는 홀수이다

② 이등변 삼각형의 두 밑각의 크기는 같다

③ $a+b$가 자연수이면 $a$, $b$는 자연수이다

④ 4의 배수는 8의 배수이다

⑤ 삼각형의 내각의 크기의 합은 180° 이다

거짓인 명제는 어떤 것인가요?

학생들은 저마다 자신이 생각할 때 거짓이라고 생각하는 명제들의 번호를 부르기 시작했습니다. ④번이라고 대답하는 학생들이 가장 많아서인지, 선생님은 ④번부터 함께 살펴보자고 했습니다.

4의 배수에는 어떤 수들이 포함되나요?

"4, 8, 12, 16, 20, … 등 무한히 많아요."

그럼 8의 배수에는 어떤 수들이 포함되지요?

"8, 16, 24, 40, 48, … 등으로 4의 배수와 같이 무한히 많아요. 하지만 4의 배수들을 크기 순서대로 나열해보면 8의 배수가

하나 건너 하나씩 나타나는 것을 볼 수 있어요. 그러니까 4의 배수 중에는 8의 배수가 되지 않는 수도 있는 것이지요. 그래서 이 명제는 거짓인 명제에요."

그렇다면, 이 명제의 반례는 무엇인가요?

"당연히 4의 배수이면서 8의 배수가 아닌 수들이니까, 4, 12, 20, 28, … 등이겠지요."

자, 그럼 다음 거짓인 명제를 찾아 그 반례를 찾아보죠. ①번 명제는 어떤가요? 참인가요, 아니면 거짓인가요?

①번 명제에 대해서는 참이라고 대답하는 학생들뿐만 아니라 거짓이라고 대답하는 학생들도 있었습니다.

의견이 분분하니 ④번 명제처럼 직접 그 해당하는 수들을 얘기해보지요.

한 학생이 큰 소리로 대답했습니다.

"7, 41, 23, 5, 13, …. 이 수들은 모두 소수인데 홀수잖아요. 그러니까 ①번 명제는 참이에요."

그럼 증명이 필요하겠네요?

"아니에요. 소수를 작은 수부터 나열해보면 2, 3, 5, 7, 11, … 등으로 가장 작은 소수는 2인데, 이 수는 짝수에요. 물론 다른 소수들은 모두 홀수지만 말이에요. 그러니까 이 명제는 거짓인 명제이고 그 반례는 2 하나뿐이에요."

여러분들의 의견은 어떤가요?

"맞아요. 거짓인 명제에요."

모두 동의했으니 부연 설명 없이 다음 명제로 넘어가겠습니다.

②번 명제도 거짓인가요?

"아니요. 참인 명제에요. 이등변삼각형은 두 변의 길이도 같고 두 밑각의 크기도 같아요."

그렇습니다. 모두들 잘 알고 있겠지만 이등변삼각형의 두 밑각의 크기는 같습니다. 즉 ②번은 참인 명제이기 때문에 증명이 필요하겠지요. 그럼 증명은 잠시 미루어두고 먼저 다음 거짓인 명제를 찾아보겠습니다.

③번 명제의 참, 거짓을 구별해보세요.

"③번 명제는 조금 어려워요. 참인 것 같기고 하고, 거짓인 것 같기도 하고, 상당히 알쏭달쏭한 명제에요. 얼핏 생각하면 1이 아닌 모든 자연수는 두 자연수의 합으로 나타낼 수 있으니까 참인 명제라고 할 수 있을 것 같지만 왠지 아닌 경우도 있을 것 같아요."

힌트가 필요할 것 같군요. 이전 시간에도 말했고 여러분이 모두 알고 있듯이 수에는 여러 종류가 있습니다.

"그럼 자연수가 아닌 수 중에서 더해서 자연수가 되는 수들이 있는지를 생각해 보면 되겠군요."

잠시 고민하던 학생은 대답을 이어 나갔습니다.

"자연수가 아니더라도 더해서 자연수가 되는 경우가 상당히 많아요. $1.5+2.5$, $-3+7$, $\frac{3}{2}+\frac{1}{2}$, $0+5$, …. 그렇다면 이 명제는 거짓인 명제겠네요. 그것도 반례가 상당히 많은 거짓인 명제요."

어려워하더니 반례까지도 잘 찾아주었군요. 그럼 ④번 명제도 앞서 해결했으니 마지막으로 ⑤번 명제를 살펴보면 되겠군요.

삼각형의 내각의 크기의 합은 얼마인가요?

모두들 자신 있게

"180°!"

하고 외쳤습니다.

모든 학생의 대답이 일치하니 참인 명제가 거의 확실한 것 같군요. 하지만 이 명제 또한 증명을 해야겠지요. 그럼 지금부터 참인 명제인 ②번과 ⑤번 명제를 증명해 보도록 하겠습니다. ②번 명제부터 살펴보지요.

'이등변삼각형의 두 밑각의 크기는 같다'

처음부터 증명을 어떻게 해야 하나 고민하면 증명 자체가 너무 어렵게 느껴질 수 있습니다. 물론 증명은 쉬운 과정은 아닙니다. 하지만 이렇게 접근해 보면 어떨까요? 자, 이 이등변삼각형의 밑각의 크기가 같은 것을 확인하려면 어떻게 해야 할까요?

선생님은 종이로 만든 이등변삼각형을 들어 보이며 학생들에게 질문했습니다.

"반으로 접어 보면 알 수 있어요."

한 학생이 큰 소리로 대답했습니다.

반이라……? 구체적으로 설명해줄 수 있나요?

"그러니까 이등변삼각형은 두 변의 길이가 같잖아요. 그 길이가 같은 두 변이 서로 맞닿게 접으면 돼요."

그렇겠군요. 이처럼 우리는 '이등변삼각형의 두 밑각의 크기는 같다' 는 사실을 종이를 접어서 추측할 수 있습니다. 증명이란 어떤 명제가 참임을 보이기 위하여 가정에서 출발하여 결론을 이끌어 내는 과정입니다. 따라서 증명의 첫 번째 단계는 추측한 사실을 명제로 나타내는 것입니다.

이 명제에서의 가정은 '이등변삼각형' 이고 결론은 '두 밑각의 크기는 같다' 이겠지요. 이것을 증명하기 위한 두 번째 단계는 그림을 그리고 가정과 결론을 기호로 나타내는 것입니다. 가정에 해당하는 '이등변삼각형' 을 기호로 나타낼 때에는 정의를 이용합니다. 이등변삼각형의 정의는 '두 변의 길이가 같은 삼각형'

이므로 길이가 같은 두 변을 기호로 나타내면 되는 것입니다.

[가정] $\triangle$ABC에서 $\overline{AB}=\overline{AC}$

[결론] $\angle B = \angle C$

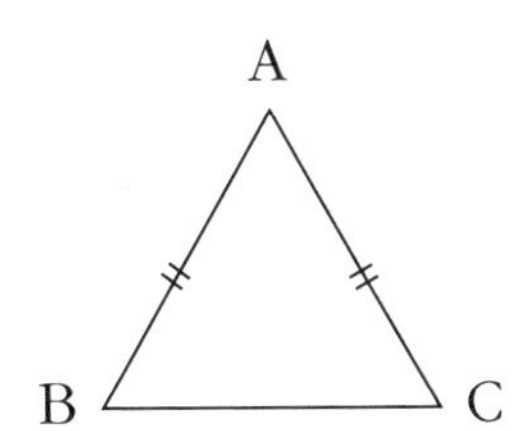


세 번째 단계부터는 종이접기 방법을 되새기면서 두 밑각의 크기가 같은 것을 확인했던 과정을 그대로 식으로 표현하면 됩니다. 앞서 길이가 같은 두 변이 서로 맞닿게 접는다고 했었지요? 이렇게 접는다는 것은 각 A의 크기를 반으로 나누어 접는 것과 같습니다. 즉 삼각형 ABC의 꼭지각인 각 A의 이등분선을 긋는 과정이 필요하지요. 이렇게 접은 이유는 원래의 삼각형 ABC가 접은 선을 기준으로 둘로 나뉘는데, 이때 이 두 삼각형이 서로 포개어지기 때문입니다. 그리고 두 삼각형이 포개어진다는 것은 그 둘이 서로 합동임을 의미합니다. 따라서 나누어진 두 삼각형이 합동임을 보이면 두 밑각의 크기가 같다는 것이 증명되는 것입니다.

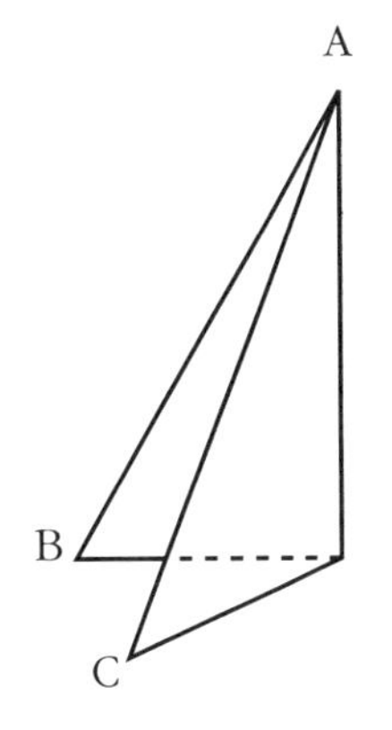

꼭지각 A의 이등분선이 밑변 BC와 만나는 점을 D라 하자.

그러면 $\triangle ABD$와 $\triangle ACD$에서

$\overline{AB}=\overline{AC}$,

$\overline{AD}$는 공통,

$\angle BAD=\angle CAD$

이므로

$\triangle ABD\equiv\triangle ACD$ SAS합동

따라서 $\angle B=\angle C$이다.

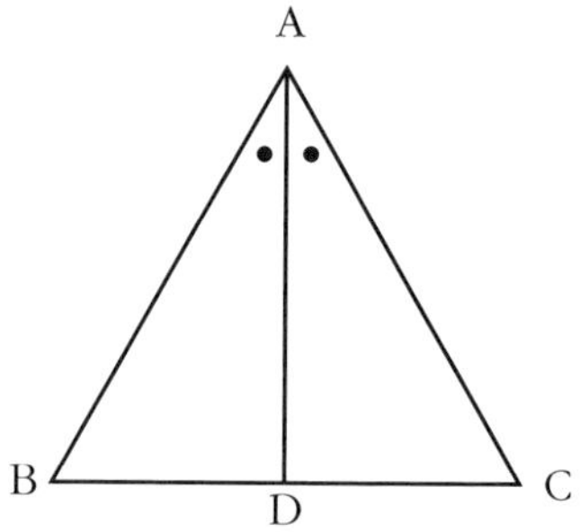

즉 이등변삼각형의 두 밑각의 크기는 같다.

어떤 정의를 이용해야 하는지, 그리고 다른 참인 명제들을 어떻게 응용해야 하는지 우선적으로 고민하지 않았지만, 종이를 접어 확인하던 과정을 식으로 표현해서 증명을 완성했습니다. 간단히 증명의 순서를 정리하면 다음과 같습니다.

첫 번째, 추측한 사실을 명제로 나타낸다.

두 번째, 그림을 그리고 가정과 결론을 기호로 나타낸다.

세 번째, 참임을 확인하는 과정을 식으로 나타낸다.

그럼 이제는 '삼각형의 내각의 크기의 합은 180° 이다' 를 증명해보지요. 이미 증명해야 할 사실이 명제로 주어져있기 때문에 첫 번째 단계는 해결이 된 것입니다. 우리가 해야 할 일은 두 번째 단계부터입니다. 그림을 그리고 가정과 결론을 기호로 나타내야겠지요. 이 명제의 가정과 결론은 각각 무엇인가요?

"가정은 '삼각형' 이고 결론은 '내각의 크기의 합은 180° 이다' 에요. 그런데 삼각형을 그리는 건 쉽게 할 수 있지만 그것을 어떻게 기호로 나타내지요?"

삼각형의 정의는 알고 있나요?

"네, '세 개의 선분으로 둘러싸인 평면도형' 이에요. 하지만 그것을 기호로 나타내기란……."

그렇죠. 삼각형이라는 단어보다 그것의 정의가 훨씬 더 복잡하게 느껴질 수도 있겠군요. 그런 경우에는 기호로 어떻게 나타낼까를 너무 고민하지 말고 그냥 '삼각형' 이라고 적어도 된답니다. 좀 더 구체적으로 '주어진 도형은 삼각형이다' 로 적는다면 훨씬 더 보기 좋겠지요.

선생님의 답변이 끝나자 학생들은 삼각형을 그리고 가정과 결론을 적기 시작했습니다.

[가정] 주어진 도형은 삼각형이다.

[결론] $\angle A + \angle B + \angle C = 180^\circ$

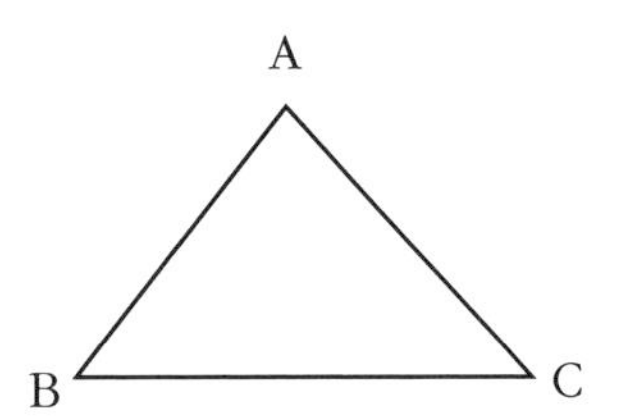


가정과 결론을 적었으니 다음 단계로 넘어가겠습니다. 다음 단계는 무엇이었나요?

"명제가 참이 되는 과정을 식으로 표현해야 해요. 그런데 이 명제는 종이접기로는 확인이 어려울 것 같아요."

그럼 어떻게 확인할 수 있을까요?

"평각의 크기는 180° 이니까 세 내각이 포함되도록 삼각형을 세 부분으로 나눈 다음 한 직선에 세 내각이 빈틈없이 나란히 놓이는 것을 보이면 되지 않을까요?"

자, 그러면 그 과정을 머릿속으로 생각하면서 식으로 표현해 보세요.

"직접 삼각형을 세 부분으로 잘라서 붙여 보는 것은 쉽지만 그것을 식으로 나타내는 일은 너무 어려워요. 이번에도 힌트를 좀

주세요.”

세 내각을 한 직선에 나란히 놓이게 하고 싶다고 했지요? 그렇다면 세 내각이 놓이게 될 직선이 필요할 테니, 꼭짓점 A에 밑변와 평행한 직선을 그어보세요. 그 다음 삼각형의 세 내각을 각각 직선 위의 어느 곳에 옮길지 생각해보세요.

학생들은 $\overline{BC}$와 평행한 직선을 그은 다음 자신들의 그림을 보면서 세 내각을 옮길 곳에 대해 고민하기 시작했습니다. 이 때 골똘히 무언가를 생각하던 한 학생이 선생님께 질문했습니다.

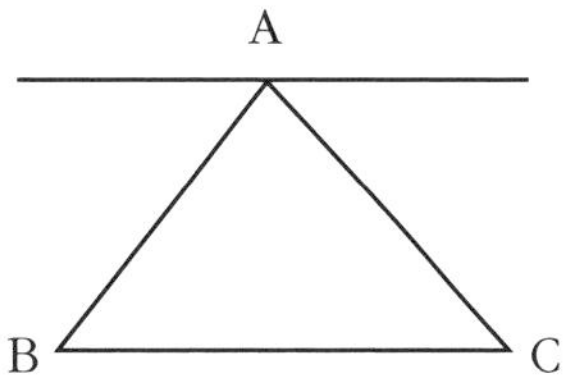

A
B
C

“새로 그린 직선이 밑변과 평행한 직선이니까 두 평행선 사이의 관계를 생각하면 옮길 장소를 찾을 수 있는 건가요?”

그렇습니다. 다른 학생들에게 아주 훌륭한 힌트를 주었군요. 두 평행선과 그 사이에 놓인 다른 두 선분 사이의 관계에 대해 생각해본다면 쉽게 증명을 완성할 수 있을 것입니다.

몇몇의 학생들이 다음과 같이 증명을 적기 시작했습니다.

꼭짓점 A를 지나면서 밑변 BC와 평행인 직선 DE를 그리면

$\overline{DE} // \overline{BC}$이므로

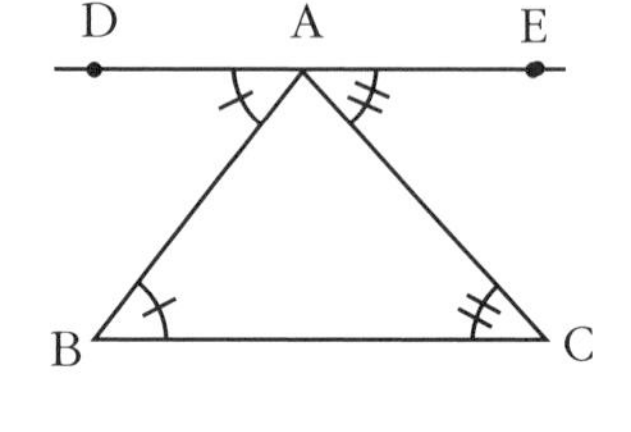


$\angle B = \angle DAB$엇각

$\angle C = \angle EAC$엇각이다.

따라서

$\angle A + \angle B + \angle C = \angle BAC + \angle DAB + \angle EAC$

$= 180^\circ$

즉 삼각형의 내각의 크기의 합은 $180^\circ$ 이다.

자, 직접 증명을 해 보니 증명은 어떤 명제가 거짓임을 밝히는 반례보다는 훨씬 더 복잡한 과정임을 알 수 있겠지요? 특히 명제 '삼각형의 내각의 크기의 합은 $180^\circ$ 이다' 는 앞서 증명했던 명제 '이등변삼각형의 두 밑각의 크기는 같다' 와는 달리, 종이를 직접 오려 붙이는 과정을 식으로 표현하기가 어려웠는데도 증명을 잘 해주었습니다. 이 증명에서 정의는 사용되지 않았지만 다른 참인 명제가 사용되었습니다. 어떤 명제인지 대답해 보세요.

"평행선을 그어서 증명을 시작했으니까 평행선과 관련된 명제이겠지요? 삼각형의 두 각을 직선에 옮길 때 크기가 같은 엇각의

위치로 옮기면 될 테니까 여기에서 사용된 다른 참인 명제는 '평행하면 엇각의 크기가 같다' 가 되겠네요."

맞습니다. 그런데 좀 더 명제를 정확히 할 필요는 있겠는데요. 무엇이 평행한지를 구체적으로 설명해 주어야 할 것 같아요. 자, 이렇게 말이지요.

'한 직선이 평행선과 만날 때, 엇각의 크기는 같다'

"증명은 너무 까다롭고 어려운 거 같아요."

투덜거리는 소리가 여기저기서 들려왔습니다.

어떤 명제가 참임이 증명되면 그 참인 명제를 이용하여 또 다른 명제가 참임을 밝힐 수 있고, 그 새로운 참인 명제를 이용하여 또 다른 명제가 참임을 증명할 수 있고 ……. 이런 과정이 계속 반복되면서 우리가 지금 배우고 있는 수많은 수학적 지식이 등장하게 된 것입니다. 그러니까 까다롭고 어려운 과정임은 당연하겠지요.

여러분이 말한 것처럼 증명은 쉽고 간단한 과정이 아닌 것은 분명합니다. 하지만 오늘 수업을 통해 증명의 중요성과 필요성을 느낄 수 있었길 기대합니다.

세번째

# 수업 정리

1 명제가 참임을 밝힐 때에는 증명이 필요하며, 거짓임을 밝힐 때에는 반례가 필요합니다.

2 명제를 증명할 때에는 보통 다음과 같은 순서를 따릅니다.

① 추측한 사실을 명제로 나타낸다.

② 명제를 그림으로 표현하고 가정과 결론을 기호로 나타낸다.

③ 주어진 명제와 관련 있는 정의, 정리, 성질 등을 생각하며 체계적으로 설명해 나간다.

# 명제와 집합

집합의 정의를 명확하게 알고 있나요?
집합의 성질을 이해하고 명제와의 연결고리를
찾아 봅시다.

## 네 번째 학습 목표

1. 명제와 집합 사이의 관계에 대해 이해할 수 있습니다.
2. 주어진 명제를 집합 사이의 포함관계로 나타낼 수 있습니다.

### 미리 알면 좋아요

1. 집합 집합이란 어떤 조건에 의하여 그 대상을 분명히 알 수 있는 것들의 모임을 말합니다.

예를 들어, 뚱뚱한 사람들의 모임이 있다고 하면 어떤 사람들이 그 모임에 참석해야 할까요? 여러분은 뚱뚱한 것의 기준이 무엇이라고 생각하나요? 어떤 사람은 자신보다 몸무게가 더 많이 나가는 사람들이 뚱뚱하다고 생각할 것입니다. 또 어떤 사람은 70kg이 넘는 사람들만이 뚱뚱하다고 생각할 수도 있습니다. 이처럼 모든 사람에게 뚱뚱한 것을 판단하는 기준은 다를 수밖에 없고, 어떤 사람이 그 모임의 참석자를 선택하느냐에 따라 그 모임은 다양하게 구성되겠지요.

하지만 우리 반에서 가장 뚱뚱한 사람의 모임을 만들면 어떻게 될까요? 어떤 사람이 그 모임의 참석자를 선택하든 간에 몸무게가 가장 많이 나가는 단 한사람만이 그 모임에 참석하게 될 것입니다. 즉 '뚱뚱한 사람들의 모임'은 기준이 불명확하여 집합이 될 수 없지만, '우리 반에서 가장 뚱뚱한 사람의 모임'은 집합이 될 수 있는 것이지요.

2. 정사각형의 정의 정사각형은 네 각의 크기가 모두 같고, 네 변의 길이가 모두 같은 사각형입니다.

3. 직사각형의 정의 직사각형은 네 각의 크기가 모두 같은 사각형입니다.

벌써 네 번째 시간이군요. 오늘은 명제와 집합 사이의 관계에 대해 알아보려고 합니다. 집합에 대해서는 이미 배워 알고 있겠지만, 간단히 집합이 무엇인지를 살펴보고 본론으로 들어가지요. 집합은 무엇인가요?

학생들은 선생님의 갑작스런 질문에 잠시 주춤하는 듯 보였지만 이내 몇몇의 학생들에게서 대답이 나오기 시작했습니다. 그리고 처음에는 명확하지 않던 집합의 정의가 여러 학생들의 대답을 거쳐 점점 명확해졌습니다.

"집합은 모임이에요."

"집합은 어떤 대상들의 모임이에요."

"집합은 어떤 기준에 의해서 대상들을 모아놓은 것이에요."

"집합은 어떤 조건에 따라 대상이 일정하게 결정되는 모임이에요."

그렇지요. 집합은 '어떤 조건에 의하여 그 대상을 분명히 알 수 있는 것들의 모임' 을 말합니다. 그리고 집합을 이루고 있는 대상 하나하나는 그 집합의 원소라고 하지요. 집합의 개념을 정의한 수학자는 바로 칸토어1845~1918입니다. 칸토어가 1872년, 그러니까 선생님이 태어나던 해이기도 하군요. 어쨌든 이 때 발표한 첫 논문에서 '집합이란 우리의 직관이나 사고 가운데 명확하고 잘 구분되는 대상들을 하나의 전체로 묶어 놓은 것' 이라고 집합을 정의했습니다. 자, 모두들 집합의 정의를 이해했나요?

'네' 라는 대답이 크게 들리기는 했지만 아직도 몇몇의 학생들

이 잘 모르겠다는 표정을 짓자 선생님은 질문을 덧붙였습니다.

너무 추상적인 용어들을 많이 사용하다 보니 아직도 집합의 정의를 정확하게 이해하지 못한 학생들이 있나보군요. 그럼 먼저 이해한 학생들이 집합의 구체적인 예를 들어보는 건 어떨까요?

'우리 반 학생의 모임'
'홀수들의 모임'
'가을에 피는 꽃들의 모임'
'100보다 작은 자연수들의 모임'

어떤 학생은 부연 설명을 덧붙이기도 했습니다.

"'예쁜 꽃들의 모임' 이나 '공부를 잘 하는 학생들의 모임' 은 대상을 분명하게 찾을 수 없기 때문에 집합이 아니에요."

여러분의 설명이 다른 학생들에게 많은 도움이 되었겠는데요. 그럼 이제부터는 집합과 명제 사이의 관계를 알아보도록 하겠습니다. 이 관계를 설명하기 위해서는 참인 명제들이 필요한데, 이

번에도 여러분의 도움이 필요하겠는데요. 참인 명제들을 몇 개만 얘기해 보세요.

"맞꼭지각의 크기는 서로 같다, 정사각형은 직사각형이다, 삼각형의 내각의 크기의 합은 180° 이다, $a>3$이면 $a>2$이다, 두 짝수의 합은 짝수이다."

정말로 이전 시간의 내용들을 모두 잘 이해하고 있는 것 같군요. 모든 명제를 다룰 수는 없으니까 이 명제들 중 두 개만 선택해서 명제와 집합의 관계를 생각해 보겠습니다.

'정사각형은 직사각형이다'

'$a>3$이면 $a>2$이다'

우선 두 명제를 각각 가정과 결론으로 나누면 다음과 같이 되겠지요.

| 명제 | 정사각형은 직사각형이다 | $a>3$이면 $a>2$이다 |
|---|---|---|
| 가정 | 정사각형이다 | $a>3$이다 |
| 결론 | 직사각형이다 | $a>2$이다 |

첫 번째 명제부터 살펴보겠습니다. 가정에 해당하는 조건을 만족하는 집합을 $P$, 결론에 해당하는 조건을 만족하는 집합을 $Q$라 하고 원소들을 구해 보세요.

두 집합 $P$와 $Q$의 원소들을 잘 살펴보고 두 집합 사이의 포함 관계를 기호로 나타내보세요.

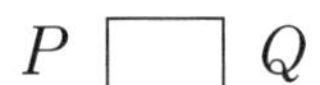


학생들은 $P$와 $Q$라는 글씨만 적어 놓고 그 사이에 어떤 기호를 넣어야 할지 저마다 서로의 눈치를 보고 있었습니다.

직사각형은 네 각의 크기가 같은 사각형을 말하는 것이고 정사각형은 네 각의 크기가 같고 네 변의 길이가 같은 사각형을 말합니다.

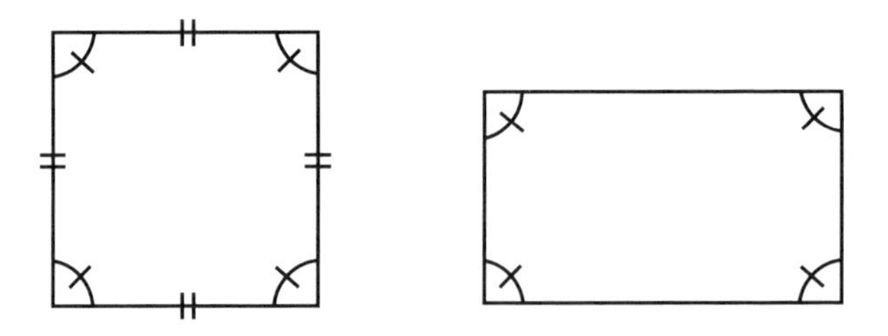

선생님이 직사각형과 정사각형의 정의를 말해주자 몇몇의 학생들이 기호를 적어 넣었습니다.

직사각형을 정사각형이라고 할 수 있을까요? 반대로 정사각형을 직사각형이라고 할 수 있을까요?

선생님의 질문에 이번에는 대부분의 학생들이 기호를 적어 넣었습니다.

$$P \boxed{\subset} Q$$

두 집합의 원소들을 살펴보면 알 수 있듯이 직사각형 중에는 정사각형 집합에 속할 수 없는 것들이 있지만 모든 정사각형들

은 직사각형 집합에 속할 수 있습니다. 즉 $P$는 $Q$의 부분집합이 되는 것이지요. 이처럼 어떤 명제가 참이라면, 가정에 해당하는 조건을 만족하는 집합은 결론에 해당하는 조건을 만족하는 집합에 포함됩니다.

"사실, 지금까지는 명제와 집합이 서로 관련된 것이라고 생각한 적이 없어서 오늘 수업을 시작할 때에는 별 기대를 하지 않았었거든요. 그런데 수업을 듣고 나니 수학은 모든 것이 어떤 연결고리로 서로 이어져 있다는 생각이 들었어요. 그래서 매우 신기하기도 하고요. 참, 그리고 참인 명제를 집합으로 표현할 수 있다면 거짓인 명제도 집합 사이의 포함관계로 나타낼 수 있지 않을까요?"

맞아요. 직접 해 보겠어요?

"별로 어려운 일은 아닌 거 같아요. 거짓이라면 포함관계가 성립하지 않을 테니까 앞에서처럼 가정에 해당하는 조건을 만족하는 집합을 $P$, 결론에 해당하는 조건을 만족하는 집합을 $Q$라 하면

$$P \boxed{\not\subset} Q$$

가 되겠죠."

그렇죠. 집합 $P$가 집합 $Q$에 포함되지 않는다고 하면 되는 것이지요. 오늘 수업을 통해 명제는 집합으로도 표현이 가능하다는 것을 알았을 것입니다. 명제와 집합 사이의 관계는 앞으로 배울 내용과도 관련이 있으니까 잘 이해하고 기억해두길 바랍니다. 그럼 네 번째 시간은 이것으로 마치겠습니다.

## 네번째 수업 정리

❶ 참인 명제를 가정과 결론으로 나누었을 때 가정에 해당하는 조건을 만족하는 집합을 $P$, 결론에 해당하는 조건을 만족하는 집합을 $Q$라고 하면, 집합 $P$에 속하는 모든 원소들은 집합 $Q$의 원소가 됩니다. 즉

$$P \subset Q$$

의 관계가 성립합니다.

❷ 거짓인 명제를 가정과 결론으로 나누었을 때 가정에 해당하는 조건을 만족하는 집합을 $P$, 결론에 해당하는 조건을 만족하는 집합을 $Q$라고 하면, 집합 $P$에 속하는 원소들 중에는 집합 $Q$의 원소가 아닌 것도 있습니다. 즉

$$P \not\subset Q$$

의 관계가 성립합니다.

5교시

# 명제의 역, 이, 대우

일상생활에서 말하는 '부정'과 수학에서 사용하는 '부정'의 차이점은 무엇일까요?
부정의 의미를 파악하고 새로운 명제들을 만들어 봅시다.

## 다섯 번째 학습 목표

1. 부정의 의미를 이해할 수 있습니다.
2. 명제의 역, 이, 대우를 이해하고 주어진 명제의 역, 이, 대우를 찾을 수 있습니다.
3. 명제와 역, 이, 대우 사이의 관계를 알 수 있습니다.

### 미리 알면 좋아요

1. A 그리고 B 그것의 옳고 그름을 판단하거나 그것을 만족하는 대상을 찾을 때, A와 B 모든 것이 들어맞아야 참이 됩니다.

예를 들어, 소희, 유빈, 예은, 선미, 선예 다섯 명의 친구들이 아이스크림 가게에 모여 있습니다. 이 중 운동화를 신은 친구는 소희, 유빈, 선미이고 모자를 쓴 친구는 유빈, 예은, 선예입니다. 그렇다면 '운동화를 신고 모자를 쓴 친구'는 누구일까요? 질문에 답하기 위해서는 운동화를 신었다는 것과 모자를 썼다는 것 모두를 만족하는 친구를 찾아야 합니다. 그러니까 답은 '유빈'이 되겠지요.

친구={소희, 유빈, 예은, 선미, 선예}

운동화를 신은 친구={소희, 유빈, 선미}

모자를 쓴 친구={유빈, 예은, 선예}

⇒ 운동화를 신고 모자를 쓴 친구={유빈}

2. A 또는 B 그것의 옳고 그름을 판단하거나 그것을 만족하는 대상을 찾을 때, A와 B 중 어느 것 하나만 들어맞아도 참이 됩니다.

예를 들어, 앞에서와 같이 다섯 명의 친구들이 모여 있을 때, '운동화를 신거나 모자를 쓴 친구'는 누구일까요? 운동화를 신거나 모자를 썼다는 것은 운동화와 모자를 모두 착용한 경우도 해당되지만 그 중 하나만을 착용했더라도 상관없다는 것입니다. 그러니까 답은 '소희, 유빈, 예은, 선미, 선예', 이렇게 다섯 명 모두가 되겠지요.

⇒ 운동화를 신고 모자를 쓴 친구＝{소희, 유빈, 예은, 선미, 선예}

오늘 이 시간에는 주어진 명제를 가지고 또 다른 명제들을 만들어보는 활동을 할 것입니다.

"어떻게 주어진 명제로 다른 명제들을 만들 수 있지요? 특별한 방법이 있는 건가요?"

한 학생이 매우 궁금하다는 표정을 지으며 질문했습니다.

특별한 방법이라……, 특별하다면 특별하다고도 할 수 있겠지만 상당히 간단한 방법을 사용할 것입니다. 원래 명제의 각 조건들을 부정하거나 조건들의 위치를 바꾸어서 새로운 명제를 만드는 것이지요. 자, 그럼 한번 해 볼까요?

이때 한 학생이 손을 번쩍 들고는 선생님께 질문했습니다.

"잠깐만요. 위치를 바꾼다는 의미는 어느 정도 이해가 가는데요, 부정의 의미를 정확히 모르겠어요."

부정도 명제에서는 처음 소개된 용어라 어렵게 생각될 수 있겠군요. 하지만 여러분이 알고 있는 부정의 의미를 한번 생각해 보세요. 어떤 일에 대해 부정한다는 것은 어떤 의미인가요?

"그 일에 대해 반대하거나 아니라고 하는 것이지요."

그렇습니다. 그러므로 어떤 조건을 부정할 때에는 '……이다'를 '……이 아니다'라고 하면 되는 것입니다. 오늘 이 시간의 주제가 부정은 아니지만 부정에 대한 궁금증을 조금 더 해결하고 가지요. '또는'이나 '이고'가 포함된 조건을 부정하면 어떻게 될까요? 집합을 이용해서 그 부정을 알아보겠습니다.

우선 전체 집합 $U$의 두 부분집합을 $A$와 $B$라 두고, 다음 두 문장의 부정을 알아보지요.

'$x \in A$ 또는 $x \in B$이다' $\xrightarrow{\text{부정}}$ ?

'$x \in A$ 이고 $x \in B$이다' $\xrightarrow{\text{부정}}$ ?

'$x \in A$ 또는 $x \in B$이다'를 벤다이어그램에 나타내보세요. 그런 다음 이것의 부정이 무엇일지를 생각해 보세요.

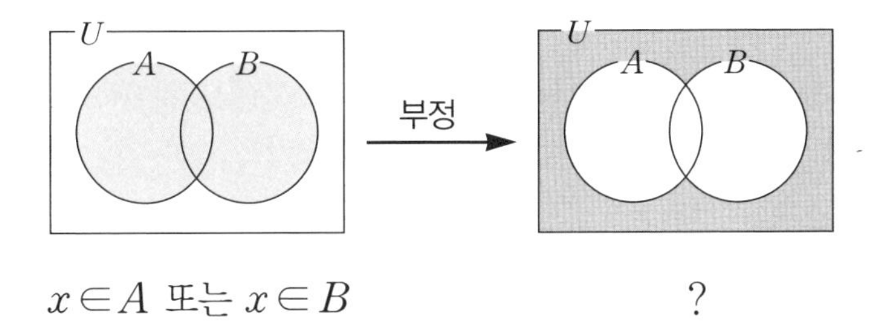


$x \in A$ 또는 $x \in B$ ?

마찬가지로, '$x \in A$ 이고 $x \in B$이다'도 벤다이어그램에 나타내어 본 다음 이것의 부정이 무엇일지를 생각해 보세요.

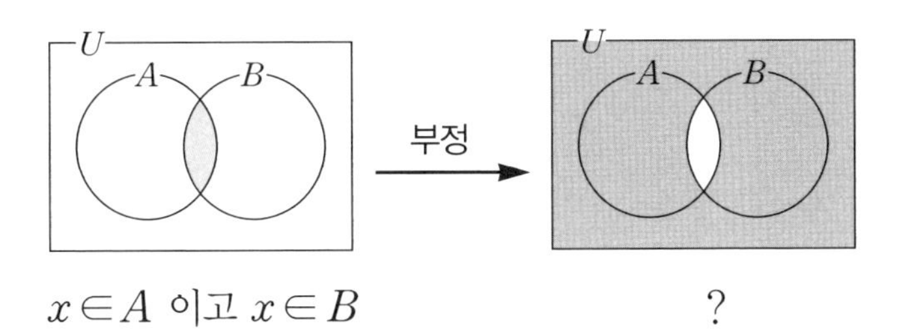


$x \in A$ 이고 $x \in B$ ?

각각의 부정이 무엇인지 알아내었나요?

"'$x \in A$ 또는 $x \in B$'가 아닌 부분은 A와 B 어느 집합에도 속하지 않는 부분이에요. 그러니까 '$x \in A$ 또는 $x \in B$'의 부정은 '$x \notin A$ 이고 $x \notin B$'라고 하면 되지 않을까요?"

그렇습니다. 벤다이어그램을 보고 부정을 잘 찾아내었군요. 그럼 이번에는 '$x \in A$ 이고 $x \in B$'의 부정을 나타내는 벤다이어그램을 보고 그것을 기호로 표현해 보세요.

"이 벤다이어그램은 좀 어려워요. 색칠된 부분을 살펴보면, 어떤 곳은 $A$에만 해당하기도 하고 어떤 곳은 $B$에만 해당하기도 하거든요. 그리고 심지어는 $A$와 $B$ 어떤 곳에도 해당하지 않는 부분도 있어요."

그럼 이렇게 나누어 생각해 보면 어떨까요? $A$에 속하지 않는 부분과 $B$에 속하지 않는 부분으로 말이지요.

"아, 그러면 그런 두 부분을 겹쳐놓은 모양이네요. '$x \in A$이고 $x \in B$'가 아닌 부분은 $A$에 속하지 않는 부분일 수도 있고 $B$에 속하지 않는 부분일 수도 있는 것이에요. 그럼 '$x \in A$ 이고 $x \in B$'의 부정은 '$x \notin A$ 또는 $x \notin B$'라고 표현하면 되겠네요."

점점 시간이 지날수록 여러분이 훌륭한 수학자가 되는 것 같군요. 여러분이 알아낸 사실을 정리해 보죠.

'$x \in A$ 또는 $x \in B$이다' $\xrightarrow{\text{부정}}$ '$x \notin A$ 이고 $x \notin B$이다'

'$x \in A$ 이고 $x \in B$이다' $\xrightarrow{\text{부정}}$ '$x \notin A$ 또는 $x \notin B$이다'

"아, '또는'과 '이고'의 부정은 각각 '이고'와 '또는'이군요. 결론은 매우 간단한데 이 결론을 알아내기까지 너무 길고 어려운 과정이 필요해요."

하지만 앞서 얘기했듯이 하나의 수학적 지식이 수많은 새로운 지식의 기반이 되니까 잘 참고 견디길 바랍니다. 지금까지 훌륭히 잘해 온 것을 보면 앞으로는 더 기대가 되는 학생들이니 포기하지 마세요.

자, 이제는 오늘의 주제로 돌아가서 이야기를 계속해 보겠습니다.

주어진 명제의 각 조건들을 부정하거나 위치를 바꾸어서 새로운 명제를 만들어보기로 했었지요. '9의 배수이면 3의 배수이다' 라는 명제를 생각해 보죠. 가정과 결론은 각각 무엇인가요?

학생들은 자신 있게, 명제를 가정과 결론으로 나누어 대답했습니다.

"가정은 '9의 배수이다' 이고요, 결론은 '3의 배수이다' 이에요."

그럼 가정과 결론을 바꾸어 말하면 어떻게 될까요?

"'3의 배수이면 9의 배수이다' 이겠지요."

그렇죠. 그럼 이번에는 가정과 결론을 모두 부정해서 말해 볼까요?

"'9의 배수가 아니면 3의 배수가 아니다' 이에요."

모든 학생들이 합창하듯 대답했습니다.

선생님은 학생들의 대답을 천천히 칠판에 적으며 학생들에게 또 다른 질문을 던졌습니다.

가정과 결론을 부정한 명제에서 각 조건들의 위치를 바꾸면 어떻게 되나요?

바로 대답이 나오지는 않았지만, 몇몇의 학생들은 잠시 고민한 후에 천천히 대답하기 시작했습니다.

"'3의 배수가 아니면 9의 배수가 아니다' 입니다."

자, 어떤가요? 단지 조건을 부정해서 말하거나 위치를 바꾸기만 했을 뿐인데 새로운 명제들이 탄생했습니다. 새로운 명제들에 대해 간단히 정리를 해 보죠. 처음에 만든 명제는 가정과 결론에 해당하는 조건들의 위치를 바꾼 것이었습니다. 우리는 이러한 명제를 원래 명제의 역이라고 합니다. 그리고 두 번째로 만든 명제처럼 조건들의 위치는 그대로 둔 채 각 조건들을 부정하여 만든 명제를 원래 명제의 이라고 합니다. 마지막으로 조건들을 부정한 다음 그 위치를 바꾼 명제는 원래 명제의 대우라고 합니다.

| 명제 | | 9의 배수이면 3의 배수이다 |
|---|---|---|
| 역 | 가정과 결론의 위치를 바꾼다 | 3의 배수이면 9의 배수이다 |
| 이 | 가정과 결론을 부정한다 | 9의 배수가 아니면 3의 배수가 아니다 |
| 대우 | 가정과 결론을 부정하고 그 위치를 바꾼다. | 3의 배수가 아니면 9의 배수가 아니다 |

"말로만 설명을 들으니 잘 이해가 가지 않아요. 새로운 명제들을 간단히 표현할 수는 없나요?"

그러면 이렇게 해 보죠. 어떤 명제의 가정을 $p$, 결론을 $q$라고 하면, 그 명제는 '$p$이면 $q$이다' 로 나타낼 수 있습니다. 그리고 그 명제의 역은 '$q$이면 $p$이다' 로 나타낼 수 있겠죠. 조건의 부정을 나타내는 기호를 도입하면 이와 대우도 간단히 표현할 수 있습니다. '$p$이다' 의 부정인 '$p$가 아니다' 는 보통 조건 앞에 '~'를 붙여 간단히 '~$p$이다' 로 나타냅니다. 즉, 명제 '$p$이면 $q$이다' 의 이는 '~$p$이면 ~$q$이다' 이고, 대우는 '~$q$이면 ~$p$이다' 가 되는 것이지요. 이들의 관계는 다음과 같이 나타낼 수 있습니다.

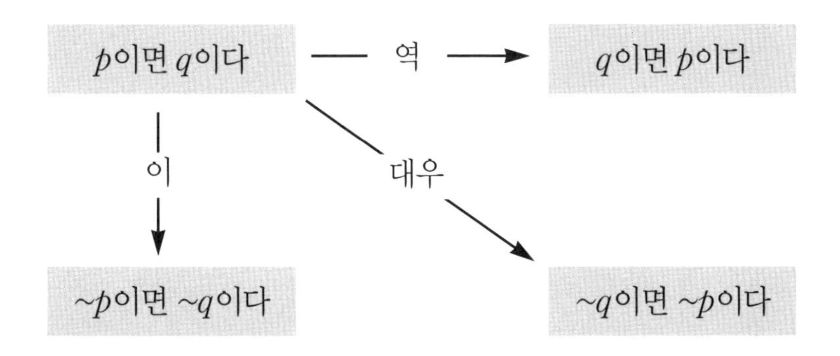


아래쪽에 있는 두 명제를 잘 살펴볼래요?

어떤 관계인지 알 수 있나요?

"~$p$와 ~$q$의 위치가 서로 바뀌었어요. 어, 그럼 서로 역인 명제군요."

맞습니다. 그럼 이번에는 오른쪽에 있는 두 명제는 어떤 관계일까요?

"각각의 조건 앞에 부정을 나타내는 '~' 기호가 적혀있고 조건들의 위치는 바뀌지 않았으니까, 서로 이의 관계에요."

잘 하고 있어요. 그럼 마지막으로 대각선에 놓인 두 명제, '$q$이면 $p$이다'와 '~$p$이면 ~$q$이다'는 어떤 관계일까요?

"각 조건을 부정도 하고 그 위치까지도 바꿨으니까 대우겠지요."

그렇습니다. 그럼 지금까지 여러분이 질문에 대답한 것을 종합해서 정리하면 앞서 보았던 그림은 다음과 같이 좀 더 복잡해진답니다.

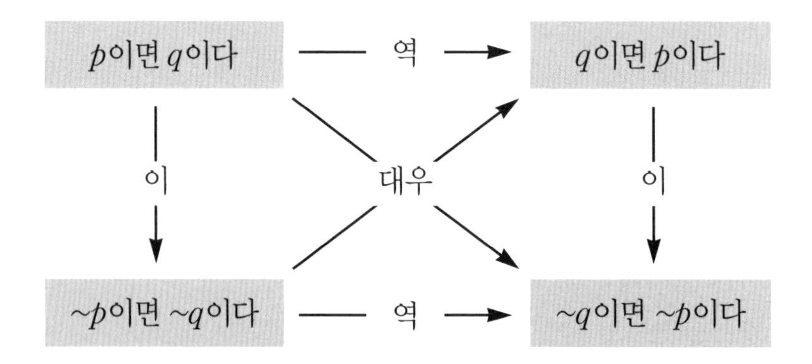

오늘 이 시간에는 부정에 대해 알아보고 원래의 명제를 이용해서 새로운 명제를 만들어 보았습니다. 어떤 명제든지 각 조건의 위치를 바꾸거나 조건의 부정을 이용하면 새로운 명제들을 만들 수 있는데, 이렇게 탄생한 명제들을 우리는 역, 이, 대우라고 부르는 것이지요. 그리고 이 새로운 명제들은 또다시 서로 역, 이, 대우의 관계로 얽혀있다는 것을 알았습니다. 다음 시간에는 역, 이, 대우의 참 거짓이 원래 명제의 참, 거짓과 어떤 관련이 있는지 알아보겠습니다. 다음 시간까지 이 시간에 배운 부정과 역, 이, 대우를 직접 연습해 보고 그것의 참, 거짓에 대해서도 생각해 보길 바랍니다.

## 다섯번째 수업 정리

**1** 어떤 명제가 주어졌을 때 조건들을 부정하거나 그 위치를 바꾸면 새로운 명제를 만들 수 있습니다. 그 변화에 따라 새롭게 만들어진 명제들을 역, 이, 대우라고 부릅니다.

① 역 : 가정과 결론의 위치를 바꾼다.

② 이 : 가정과 결론을 부정한다.

③ 대우 : 가정과 결론을 부정하고 그 위치를 바꾼다.

**2** 원래의 명제와 역, 이, 대우 사이에는 다음과 같은 관계가 성립합니다.

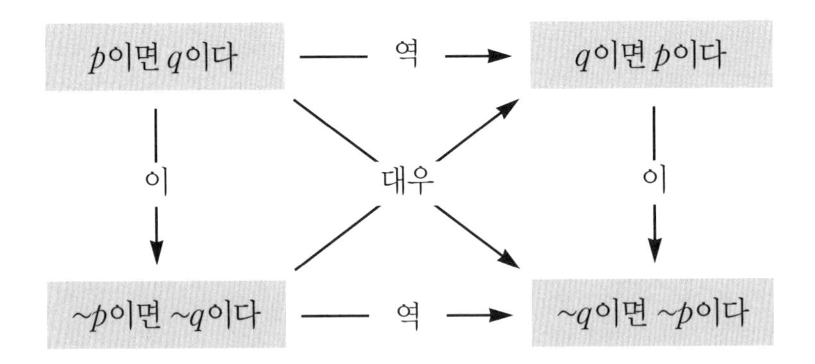

# 역, 이, 대우의 참, 거짓

명제를 통해 구할 수 있는 역, 이, 대우는
서로 재미있는 관계를 맺고 있습니다.
역, 이, 대우의 상관관계를 알고 문제에 응용해 봅시다.

## 여섯 번째 학습 목표

주어진 명제의 참, 거짓과 역, 이, 대우의 참, 거짓 사이의 관계를 이해할 수 있습니다.

### 미리 알면 좋아요

명제의 조건이 부정문인 경우에는 그 조건을 만족하는 집합을 어떻게 표현할 수 있을까요?

명제 '$p$이면 $q$이다'의 가정과 결론은 각각 '$p$이다'와 '$q$이다'입니다. 가정에 해당하는 조건을 만족하는 집합을 $P$, 결론에 해당하는 조건을 만족하는 집합을 $Q$라고 하겠습니다. 그런데 만약 주어진 명제가 '$p$가 아니면 $q$이다'라면 바뀐 명제에서 가정에 해당하는 조건 '$p$가 아니다'는 집합으로 어떻게 나타낼 수 있을까요? '$p$이다'를 만족하는 집합이 $P$이기 때문에 '$p$가 아니다'를 만족하는 집합은 $P^c$으로 나타낼 수 있습니다.

예를 들어, 짝수들의 집합을 $A$라고 한다면 짝수가 아닌 수들의 집합은 $A^c$인 것이지요.

이번 시간에는 지난 시간에 배운 역, 이, 대우의 참, 거짓이 원래 명제의 참, 거짓과 어떤 관련이 있는지 알아보겠습니다.

여러분의 이해를 돕기 위해 앞서 배운 명제와 집합 사이의 관계를 이용할 것입니다. 명제 '$p$이면 $q$이다'가 참이라면 각각의 조건을 만족하는 집합 사이에는 어떤 관계가 있다고 했었지요?

"가정을 만족하는 집합이 결론을 만족하는 집합에 포함된다고 했었어요."

그렇습니다. 자, 명제 '$p$이면 $q$이다'가 참이라고 가정하고 가정 $p$를 만족하는 집합을 $P$, 결론 $q$를 만족하는 집합을 $Q$라 두면 여러분이 대답한 것처럼 두 집합 사이의 관계는 '$P \subset Q$'로 나타낼 수 있지요. 역, 이, 대우가 모두 참이라고 가정하고 이 새로운 명제들에 대해서도 가정과 결론에 해당하는 두 집합 사이의 관계를 기호로 나타내 보세요.

학생들은 앞서 배운 내용들을 하나씩 기억해가며 역, 이, 대우에 해당하는 명제들을 적은 다음 그것이 참이라고 가정하여 집합으로 표현했습니다.

역 : $q$이면 $p$이다 $\Rightarrow$ $Q \subset P$

이 : $\sim p$이면 $\sim q$이다 $\Rightarrow$ $P^c \subset Q^c$

대우 : $\sim q$이면 $\sim p$이다 $\Rightarrow$ $Q^c \subset P^c$

그런데 만약 원래 명제도 참이고 그 역도 참이라면 두 집합 사이에는 어떤 관계가 성립할까요?

"원래 명제가 참이면 $P \subset Q$일 테고, 또 그 역도 참이면 동시에 $Q \subset P$이니까 두 집합이 서로 다른 집합에 포함되네요. 그것은 두 집합이 서로 같은 집합임을 의미하는 거 아닌가요?"

맞습니다. 어떤 명제가 참이고, 그 역도 참이라면 가정을 만족하는 집합과 결론을 만족하는 두 집합 사이에는 $P=Q$라는 관계가 성립한답니다. 이러한 경우는 특수한 경우이기 때문에 나중에 다루기로 하고 우선은 원래 명제와 그 역이 모두 참인 경우는 제외한 상태에서, 다시 말해 원래 명제는 참이지만 그 역은 거짓인 경우에 대해 다음의 포함관계가 옳은지 또는 옳지 않은지를 확인해 보겠습니다.

'$p$이면 $q$이다'는 참이고, '$q$이면 $p$이다'는 거짓일 때,

(1) $P \subset Q$

(2) $Q \subset P$

(3) $P^c \subset Q^c$

(4) $Q^c \subset P^c$

"'$p$이면 $q$이다'는 참이라고 했으니까 (1)번은 옳은 것이고요, 그 역인 '$q$이면 $p$이다'는 거짓이라고 했으니까 $Q \not\subset P$이기 때문에 (2)번은 틀린 것이에요. 그리고 (3)번과 (4)번은……? 여집합 사이의 포함관계라 그런지 쉽게 옳고 그름을 판단하기가 어려워요."

그렇다면 벤다이어그램을 그려서 생각해 보세요. 물론 여집합

사이의 관계를 알아보는 것이니 전체집합도 그려야 합니다. 일반적으로 전체집합은 $U$라고 나타내지요. 여기서도 $U$를 전체집합이라 하고 그것의 두 부분집합을 $P$, $Q$라 한 다음, 여집합 사이의 관계를 생각해 보세요.

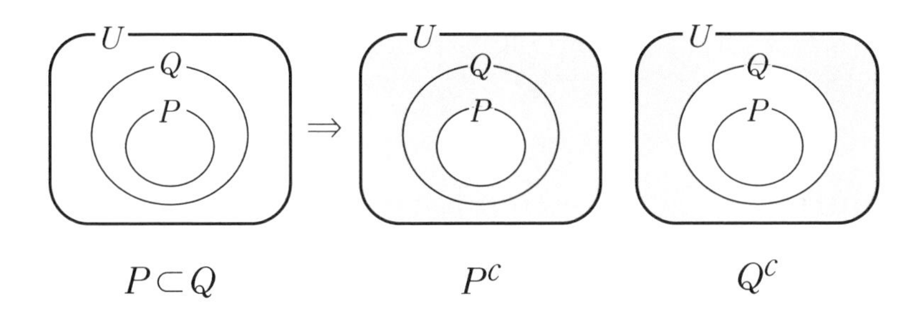


$P \subset Q$　　　　$P^C$　　　　$Q^C$

"$P \subset Q$이기 때문에 $P^C$에 해당하는 부분이 $Q^C$에 해당하는 부분보다 훨씬 더 넓어요. 그러니까 $Q^C \subset P^C$이라고 할 수 있겠지요. 하지만 $P^C$은 $Q^C$에 포함되지 않아요. 따라서 (4)번은 옳지만 (3)번은 틀린 것이에요."

집합 $P$, $Q$뿐만 아니라 그것의 여집합인 $P^C$, $Q^C$의 관계까지도 알아보았습니다. 정리를 해 보지요.

$P \subset Q$이고 $Q \not\subset P$이면　$P^c \not\subset Q^c$

$Q^c \subset P^c$

이 집합 사이의 관계들을 다시 명제로 바꾸어 보겠습니다.

'$p$이면 $q$이다' 가 참이고 '$q$이면 $p$이다' 가 거짓이면,

'$p$가 아니면 $q$가 아니다' 는 거짓이다
'$q$가 아니면 $p$가 아니다' 는 참이다

원래 명제는 참이고 그 역은 거짓이라면, 이는 거짓, 대우는 참이 됩니다.

"아! 원래 명제가 참이면 대우 명제도 참이 되네요. 역과 이는 그렇지 않은데 말이지요."

그렇습니다. 원래의 명제와 대우는 항상 참과 거짓이 동일합니다. 이에 비해 역과 이는 동일할 때도 있고 그렇지 않을 때도 있습니다. 하지만 역과 이, 둘 사이는 어떨까요?

"역과 이요……? 어떤 명제의 역과 이는 서로 대우 관계에 있기 때문에 이 두 명제도 원래의 명제와 대우처럼 항상 참과 거짓이 일치하겠네요."

대답을 참 잘해주었습니다. 그럼 앞서 남겨 두었던 과제를 해결하지요. 특수한 경우라고 해서 원래의 명제와 역이 모두 참인

경우는 나중에 다루자고 했었지요? 지금 배운 내용을 이용해서 원래의 명제와 역이 모두 참이라면 이와 대우는 참일지, 거짓일지를 판단해 보세요.

"원래의 명제가 참이니까 대우는 당연히 참일 테고요, 역과 이는 참과 거짓이 일치하는데 역 또한 참이니까 이도 참이 되겠네요. 다시 말해서, 원래의 명제와 그 역이 참이라면 이와 대우 모두 참이 되는 것이군요!"

그렇습니다. 이 시간에 배운 내용들을 간단히 정리해 보죠.

어떤 명제가 주어지면 우리는 그 명제의 역, 이, 대우를 구할 수 있습니다. 그리고 이 새로운 명제들 사이에는 재미있는 관계가 성립하는데, 그것은 바로 원래의 명제와 대우 명제의 참, 거짓이 항상 동일하다는 것입니다. 또한 서로 대우 관계에 있는 역과 이에 해당하는 명제들의 참, 거짓도 항상 동일하고요. 이러한 관계는 증명을 할 때에 이용되기도 한답니다. 원래의 명제가 참임을 밝히기보다 대우 명제가 참임을 밝히는 것이 훨씬 더 쉽고 간단한 경우에는 대우 명제를 증명하여 원래 명제의 증명을 대신하는 것이지요. 대우를 이용한 증명의 한 예를 살펴보면서 오늘 수업을 마치겠습니다.

'$a^2$이 짝수이면 $a$는 짝수이다'

**증명)** 명제 '$a^2$이 짝수이면 $a$는 짝수이다' 대신 이 명제의 대우인 '$a$가 짝수가 아니면 $a^2$은 짝수가 아니다', 즉 '$a$가 홀수이면 $a^2$은 홀수이다'를 증명하자.

우선, $a$가 홀수라고 가정하자.

그러면 $a$는 $a=2n-1$으로 나타낼 수 있고

$$a^2=(2n-1)^2$$
$$=4n^2-4n+1$$

$=2(2n^2-2n)+1$

이 되어 홀수이다. 따라서 $a^2$이 짝수이면 $a$는 짝수이다.

## 여섯번째 수업 정리

❶ 원래 명제의 참, 거짓은 그 대우의 참, 거짓과 일치합니다. 즉 원래 명제가 참이면 대우도 참이며, 원래 명제가 거짓이면 대우 또한 거짓입니다.

❷ 어떤 명제의 역과 이는 서로 대우 관계에 있기 때문에, 그 둘의 참, 거짓은 항상 일치합니다. 즉 어떤 명제의 역이 참이면 이도 참이며, 역이 거짓이면 이 또한 거짓입니다.

❸ 주어진 명제가 참이고 그 역도 참인 경우에는 원래의 명제, 역, 이, 대우가 모두 참이 됩니다. 마찬가지로, 주어진 명제가 거짓이고 그 역도 거짓이라면 원래의 명제, 역, 이, 대우가 모두 거짓이 됩니다.

# 충분조건과 필요조건

명제의 조건과 결론은 다른 명칭으로도 불리는데요,
새로운 명칭을 배우고 이것의 성질을
정확하게 구별해 봅시다.

## 일곱 번째 학습 목표

1. 충분조건과 필요조건의 정의를 알 수 있습니다.
2. 명제의 참과 거짓, 충분조건과 필요조건 사이의 관련성을 이해할 수 있습니다.
3. 필요충분조건의 의미를 알 수 있습니다.

### 미리 알면 좋아요

1. '필요하다'의 의미 A를 하기 위해 B가 필요하다는 것은 A를 하는 데 있어서 B가 없으면 안 된다, 즉 B가 꼭 있어야만 한다는 것을 의미합니다.

예를 들어, 시험을 보기 위해 컴퓨터용 사인펜이 필요하다고 하면 컴퓨터용 사인펜이 없으면 시험을 볼 수 없다는 것을 의미합니다. 그러니까 컴퓨터용 사인펜이 반드시 있어야 한다는 것이지요.

2. '충분하다'의 의미 A를 하기 위해 B이면 충분하다는 것은 B만 있어도 A를 할 수 있다는 것을 의미합니다.

예를 들어, 시험을 보기 위해 컴퓨터용 사인펜 하나면 충분하다고 하는 것은 다른 필기도구나 그 이외의 도구들이 없더라도 컴퓨터용 사인펜 하나로 시험에 응시할 수 있다는 것을 의미합니다. 그러니까 다른 도구들이 있어도 상관은 없지만 컴퓨터용 사인펜 하나만 있더라도 괜찮다는 것이지요.

첫 시간에 명제를 배우면서 모든 명제는 '……이면 ……이다'와 같은 일정한 형식으로 바꿀 수 있다고 얘기했었습니다. 그리고 '……'에 해당하는 것을 조건이라고 한다고 했었지요. 우리는 각 조건의 위치에 따라 두 조건을 가정과 결론으로 구분합니다. 하지만 그 둘을 충분조건과 필요조건으로 구분하기도 하는데, 이것은 조건들 사이의 관계에 따른 것입니다. 가정과 결론이라는 명칭보다는 충분조건과 필요조건이라는 명칭이 왠지 더 어려워 보이지만 '충분'과 '필요'라는 단어의 뜻을 생각한다면 쉽게 이해할 수 있을 것입니다.

"충분과 필요라는 단어의 뜻은 이해가 가는데요. 그 단어와 명제를 연결시키는 일은 쉽지 않은 거 같아요. 어떻게 충분조건, 필요조건을 구분하는 것이지요? 예를 들어서 설명해주시면 좋겠어요."

예라……. 그럼 앞서 살펴보았던 명제를 예로 드는 것이 좋겠군요.

'정사각형은 직사각형이다'

이 명제는 명제와 집합 사이의 관계를 배울 때 보았던 명제입니다.

충분조건과 필요조건을 자세히 다루기 전에 우선 명심해 두어야 할 것이 있습니다. 앞서 말했듯이 충분조건과 필요조건을 구분할 때에는 둘 사이의 관계가 중요한 것이지 그 위치가 중요한 것은 아니라는 사실입니다. 즉 이 명제의 경우 충분조건과 필요조건을 구분하기 위해서는 '정사각형이다' 는 '직사각형이다' 이기 위한 어떤 조건인지, 그리고 '직사각형이다' 는 '정사각형이다' 이기 위한 어떤 조건인지에 초점을 맞추어야 합니다.

자, 그럼 질문을 하나 해 보겠습니다.

어떤 사각형이 정사각형이 되려면 어떤 조건들을 갖추어야 할까요?

"네 각의 크기가 모두 같아야 해요."

"또 네 변의 길이도 모두 같아야 해요."

그럼 직사각형이 되기 위한 조건에는 무엇이 있을까요?

"직사각형이 되려면 네 각의 크기만 같으면 돼요."

여러분의 대답을 정리하면 다음과 같이 나타낼 수 있겠지요.

| 정사각형이 되기 위한 | 직사각형이 되기 위한 |
|---|---|
| 조건 1. 네 각의 크기가 같다 | 조건 1. 네 각의 크기가 같다 |
| 조건 2. 네 변의 길이가 같다 | |

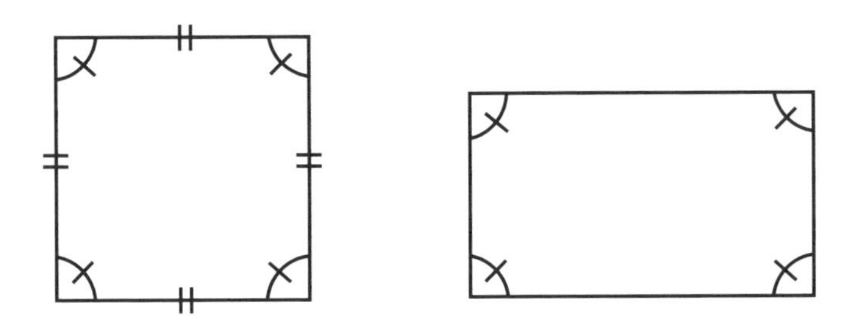

어떤 사각형이 정사각형이 되기 위한 두 가지 조건 중에서 '네 각의 크기가 같다' 는 조건 하나만 만족한다면 그것만으로도 그 사각형은 직사각형이 되기에 충분합니다. 하지만 정사각형의 입장에서 보면 직사각형이 되기 위한 조건인 '네 각의 크기가 같다' 는 정사각형이 되기 위해 필요한 조건이지 그 조건만으로 정사각형이 될 수는 없습니다. 따라서 '정사각형이다' 는 '직사각형이다' 이기 위한 충분조건이 되며, '직사각형이다' 는 '정사각형이다' 이기 위한 필요조건이 됩니다.

'정사각형이다' 는 '직사각형이다' 이기 위한 충분조건
'직사각형이다' 는 '정사각형이다' 이기 위한 필요조건

"쉽지는 않지만 그래도 예를 들어 설명을 해주시니까 훨씬 이해가 잘 되는 거 같아요. 그러면 충분조건과 필요조건은 가정, 결론과는 아무런 상관이 없는 건가요?"

조건을 구분하는 기준이 서로 다르기 때문에 관련짓는 것이 의미가 없을 수도 있지만 보통은 위에서 살펴본 예처럼 주어진 명제가 참이라면 가정에 해당하는 조건은 충분조건, 결론에 해당하는 조건은 필요조건이 됩니다.

'$p$이면 $q$이다' 가 참인 명제이면
$\Rightarrow$ $p$ : 충분조건, $q$ : 필요조건

선생님의 대답에 질문한 학생은 한참을 고민하는 듯 보였습니다.

"그럼……, 원래 명제도 참이고 그 역도 참인 명제는 어떻게 하지요? 원래 명제를 보면 가정에 해당하는 조건은 충분조건이

지만, 그 명제의 역을 보면 그 조건은 필요조건이잖아요. 원래 명제에서 결론에 해당하는 조건도 그래요. 필요조건이기도 하지만 충분조건이기도 하고."

그렇겠지요. 충분조건이기도 하면서 필요조건이기도 한 조건은 필요충분조건이라고 부른답니다. 즉 어떤 명제가 참이고 그 역도 참인 경우에는 가정과 결론에 해당하는 조건 모두 필요충분조건이 되는 것이지요.

이번에도 예를 들어보겠습니다.

다음 명제를 보세요.

$xy>0$이고 $x+y>0$이면, $x>0$, $y>0$이다

곱과 합이 모두 0보다 크다는 것은 두 수 $x$, $y$가 모두 양수라는 것을 의미합니다. 그러므로 이 명제는 참이므로 가정에 해당하는 조건 '$xy>0$이고 $x+y>0$'은 결론에 해당하는 조건 '$x>0$, $y>0$'이기 위한 충분조건이며 '$x>0$, $y>0$'은 '$xy>0$이고 $x+y>0$'이기 위한 필요조건입니다. 그럼 이번에는 그 역을 생각해 볼까요?

$x>0$, $y>0$이면 $xy>0$이고 $x+y>0$이다

두 수 $x$, $y$가 모두 0보다 크다면 두 수의 곱과 합은 당연히 0보다 클 것입니다. 그러므로 명제의 역도 참이지요. 따라서 '$x>0$, $y>0$'은 '$xy>0$이고 $x+y>0$'이기 위한 충분조건이며 '$xy>0$이고 $x+y>0$'은 '$x>0$, $y>0$'이기 위한 필요조건입니다. 두 조건이 모두 충분조건이면서 필요조건도 되므로 각각은 필요충분조

건이라 할 수 있습니다.

자, 오늘은 충분조건과 필요조건에 대해 공부했습니다. 용어의 의미를 이해하고 조건 사이의 관계를 생각한다면 그리 어렵지 않게 충분조건과 필요조건을 구분할 수 있을 것입니다.

명제에 대해 구체적으로 살펴보는 것은 이쯤에서 마무리를 하고 다음 시간부터는 명제에서 한 걸음 더 나아간 논리 이야기를 시작해 보겠습니다. 논리는 좀 더 폭넓고 흥미로운 내용을 담고 있답니다. 그럼 다음 시간에 만나요.

# 일곱번째 수업 정리

1. 명제 '$p$이면 $q$이다' 가 참이면, $p$는 $q$이기 위한 충분조건이라 하고, $q$는 $p$이기 위한 필요조건이라 합니다.

2. 명제 '$p$이면 $q$이다' 가 참이고 그 역인 '$q$이면 $p$이다' 도 참이면, $p$는 $q$이기 위한 필요충분조건이며 $q$ 또한 $p$이기 위한 필요충분조건입니다.

# 추론과 증명

우리가 수학 용어로 사용하는 증명과 추론은
일상생활에서는 사용되지 않는 것일까요?
다양한 추론 방법을 배워 봅시다.

## 여덟 번째 학습 목표

1. 추론의 의미를 이해하고 귀납적 추론과 연역적 추론의 차이점을 알 수 있습니다.
2. 증명이 논리적인 추론의 과정임을 이해할 수 있습니다.

### 미리 알면 좋아요

1. 귀납 귀납은 개개의 특수한 사실이나 원리로부터 일반적이고 보편적인 원리나 법칙을 유도해내는 일을 말합니다.

   플라톤은 죽는다.
   소크라테스는 죽는다.
   아리스토텔레스는 죽는다.
   따라서 모든 인간은 죽는다.
   라고 했다면, 이것은 몇몇의 개인들이 죽었다는 특수한 사실들로부터 모든 사람들이 죽는다는 일반적인 사실을 유도해낸 귀납의 과정입니다.

2. 연역 연역은 일반적인 사실이나 원리를 바탕으로 하여 개별적인 사실이나 보다 특수한 원리를 유도해내는 일을 말합니다.

   모든 인간은 죽는다.
   플라톤은 인간이다.
   따라서 플라톤은 죽는다.
   라고 했다면, 이것은 모든 사람들이 죽는다는 일반적인 사실을 전제로 하여 특정한 개인이 죽는다는 특수한 사실을 유도해낸 연역의 과정입니다.

우리는 앞에서 어떤 수학적 사실이 참임을 확인하는 과정을 증명이라고 배웠습니다. 증명은 매우 논리적인 과정이며 이 과정에서 필요한 것은 추론입니다. 수학적 추론과 증명을 생각하면 상당히 까다롭고 어려운 것 같지만 사실 우리는 일상생활에서 추론과 증명을 쉽게 이용할 뿐만 아니라 그 예도 쉽게 찾아볼 수 있답니다.

그동안은 수학 얘기로만 수업을 시작해서 지루하고 딱딱했죠? 오늘은 재미있는 이야기로 시작해 보죠. 1500년대의 유명한 수학자인 네이피어의 한 일화를 들려주겠습니다.

어느 날 네이피어는 이상하게도 집안의 물건이 하나씩 없어지는 것을 알게 되었습니다. 그는 하인들 중 하나가 범인이라고 의심하였습니다. 하지만 그가 물었을 때 하인들은 모두 책임을 부인했습니다. 한참을 고민한 끝에 좋은 생각이 떠올랐고 마침내 그는 도둑을 잡기 위한 계획을 세웠습니다.

어느 이른 아침, 네이피어는 어두운 창고 밖으로 그의 하인들을 모두 불러 모은 후 다음과 같이 얘기했습니다.

"이 집에 누군가 도둑질을 하는 자가 있다. 오늘은 반드시 그가 누구인지를 밝혀낼 것이다. 이 창고 안에는 진실을 알려주는 특별한 수탉이 있는데, 지금부터 한 명씩 창고 안에 들어가 수탉의 등을 만지고 나오면 된다. 그렇게만 하면 수탉은 누가 도둑질을 한 자인지를 알려줄 것이다."

하인들은 자신의 결백을 증명하기 위해 창고로 들어가 수탉의 등을 만지고 나왔습니다. 그런 다음 네이피어는 그들 모두에게 손바닥을 보여 달라고 했습니다. 네이피어는 미리 평범한 수탉

물건이 하나, 둘씩 사라지는데 하인들 중 한명이 분명 범인이야.
난 아냐!
나도!
미투!
하지만 모두가 아니라는데 어떻게 범인을 잡지?
아!
좋은 생각이 났다.
한 명도 빠짐없이 모두 모였나?
네! 모두 모였습니다.
이 창고 안에는 진실을 알려주는 특별한 수탉이 있다. 지금부터 한 명씩 창고 안에 들어가 수탉의 등을 만지고 나오면 된다.
꼬꼬댁
창고
그러면 수탉이 누가 도둑질을 했는지 알려줄 것이다.
창고
모두 내게 손바닥을 펴서 보여줘.
허걱
바로 네가 범인이야.

의 등을 검게 칠해 놓았는데, 아무런 죄가 없었던 하인들은 자신있게 수탉의 등을 만졌지만 죄가 있는 하인은 자신이 범인임이 밝혀질 것을 두려워하여 수탉의 등을 만지지 못하고 그냥 나왔습니다. 수탉이 아니라 바로 도둑질을 한 하인의 깨끗한 손이 그의 죄를 밝혀준 것입니다.

네이피어가 범인을 찾아낸 과정이 바로 추론입니다. 수학적으로 설명해 볼까요?

"아무런 수학 공식이나 용어를 사용하지 않은 것 같은데 수학적으로 설명이 가능한가요?"

한 학생이 네이피어의 추론 과정을 수학적으로 설명해 보겠다는 선생님의 말에 매우 의아하다는 표정을 지으며 질문했습니다.

물론 네이피어의 일화는 일상생활에서의 추론을 보여주는 예이기 때문에 완벽하게 수학적으로 설명하는 것은 불가능합니다. 하지만 지금까지 배운 내용을 잘 활용하면 수학적으로 설명하는 것도 가능하답니다. 그리고 여러분도 그 설명을 쉽게 이해할 수 있을 것이고요.

자, 그럼 시작해 보지요.

네이피어가 도둑을 잡기위해 세운 계획에는 어떤 생각이 바탕이 되었을까요?

“네이피어는 도둑질을 한 하인은 수탉의 등을 만지지 못할 거라고 생각했어요.”

또 다른 학생이 친구의 대답에 고개를 끄덕이며 설명을 덧붙였습니다.

“맞아요. 범인은 창고 안의 수탉이 진실을 말해주는 수탉이라고 했으니까 자신의 잘못이 들통날까봐 두려워할 테고 그러면 손에 아무것도 묻히지 않은 채로 나올 거란 걸 알았어요.”

그렇습니다. 네이피어의 추론의 근거는 바로 ‘도둑질을 하지 않았다면 수탉의 등을 만질 것이다’ 입니다. 그럼 네이피어가 추론을 통해 내린 결론은 타당할까요? 앞서 배운 명제를 이용하여 확인해 보겠습니다. 네이피어의 추론의 근거를 보면 명제의 형식 ‘……이면 ……이다’ 로 되어 있습니다. 여기서 가정은 ‘도둑질을 하지 않았다’ 이고 결론은 ‘수탉의 등을 만질 것이다’ 입니다. 이 명제의 대우는 무엇일까요?

"대우요? 추론의 타당성을 밝히는 데 대우가 필요한 건가요?"

네이피어는 범인을 제외한 다른 하인들의 결백을 추론할 때에는 '도둑질을 하지 않았다면 수탉의 등을 만질 것이다'를 그 근거로 삼았지만, 범인을 밝힐 때에는 그 명제의 대우를 사용했습니다.

"아, 그러니까 앞에서 배운 내용을 활용하는 것이 바로 그것이었군요. 원래의 명제가 참이면 그 명제의 대우도 참이라는 사실을 이용해서 범인을 찾은 거예요. 그래서 선생님이 대우를 물어보신 거군요."

자, 그럼 대우를 얘기해 볼래요?

"대우는 각 조건을 부정한 다음 그 위치도 바꾸어야 하니까 '수탉의 등을 만지지 않았다면 도둑질을 했다'가 되겠지요."

맞습니다. 네이피어는 이러한 추론으로 수탉의 등을 만지지 않아 깨끗한 손을 한 채로 창고에서 나온 하인을 범인으로 결론내릴 수 있었던 것이지요. 물론 네이피어의 추론이 타당하다는 것을 밝히려면 우선 그의 추론의 근거인 '도둑질을 하지 않았다면 수탉의 등을 만질 것이다'가 참임을 증명해야 합니다.

그래야 그 명제의 대우도 참임을 이용하여 범인을 찾아낸 네이피어의 계획이 타당하다고 할 수 있겠지요. 하지만 그 상황에서 그 명제가 참인지를 증명할 필요는 없었겠지요.

이처럼 일상생활에서 쓰이는 추론은 완벽하지 못하고 일일이 참임을 증명할 필요도 없습니다. 그러나 수학에서는 완벽한 추론으로 얻은 결과만을 인정합니다.

"그럼 이제부터는 수학에서의 추론을 말씀해주실 건가요?"

네. 우선 추론은 보통 귀납적 추론과 연역적 추론으로 구분되는데, 수학에서는 귀납적 추론보다는 연역적 추론을 더 많이 사용합니다.

"귀납적 추론과 연역적 추론의 차이는 무엇이죠? 어떤 의미인지를 잘 몰라서 그런지 선생님의 말씀이 다 낯설게만 들려요."

그렇죠? 의미부터 얘기해주겠습니다. 귀납적 추론이란 특수한 사실들을 바탕으로 일반적인 원리를 이끌어내는 방법입니다. 이와는 반대로 일반적인 원리로부터 특수한 원리나 사실을 결론으로 이끌어내는 것은 연역적 추론이라고 합니다.

두 번째 시간에 증명에 대해 배우면서 명제 '삼각형의 내각의 크기의 합은 180° 이다' 의 증명을 살펴본 적이 있었습니다. 이 증명은 연역적 추론입니다. 한 직선이 평행선과 만날 때 엇각의 크기가 같다는 일반적인 원리를 이용하여 삼각형의 내각의 크기의 합이 180° 라는 특수한 원리를 이끌어냈기 때문입니다. 그렇다면 명제 '삼각형의 내각의 크기의 합은 180° 이다' 를 귀납적 추론을 사용해서 참임을 밝힐 수는 없을까요?

"귀납적 추론이라면 특수한 사실들을 근거로 해서 삼각형의 내각의 크기의 합이 180° 임을 보이면 되는 것이죠?"

"음……, 그러면 여러 개의 삼각형들의 내각의 크기를 직접 구해보고 그것들이 합이 180° 가 되는지를 확인해 보면 되겠네요. 물론 몇 개의 삼각형을 가지고 해야 하는지는 조금 고민스럽긴 하겠지만 많으면 많을수록 그 사실이 참임을 밝히는 데에 도움이 되지 않을까요?"

그렇습니다. 귀납적 추론이란 특수한 사실들을 종합해서 일반적 원리를 이끌어내는 추론 방법이기 때문에 연역적 추론과 같이 증명을 한다기보다는 하나하나의 상황에 대해 맞는지를 확인하는 것이지요. 방금 대답한 학생처럼 여러 개의 삼각형들의 내각의 크기를 직접 재서 그 합을 구해보던지 아니면 삼각형의 세 내각을 잘라내어 직선 위에 놓아봄으로써 그 합이 180° 가 되는 것을 확인할 수 있습니다.

'삼각형의 내각의 크기의 합이 180° 이다'

**연역적 추론**

오른쪽 그림과 같이 △ABC에

꼭짓점 A를 지나면서

밑변 BC와 평행인 직선 DE를 그리면

$\overline{DE} // \overline{BC}$이므로

$\angle B = \angle DAB$엇각

$\angle C = \angle EAC$엇각

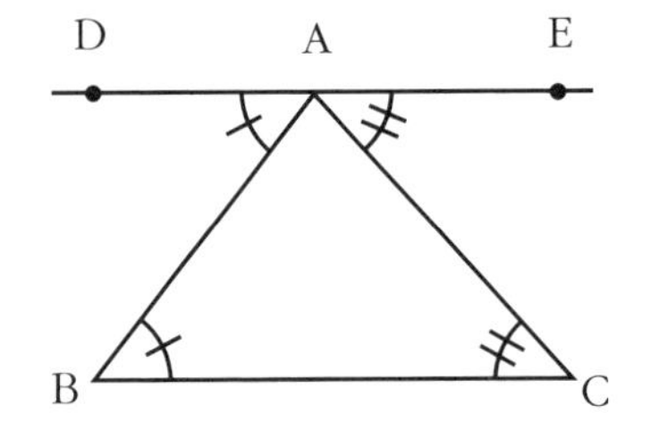


따라서

$$\angle A + \angle B + \angle C = \angle BAC + \angle DAB + \angle EAC$$

$$= 180^\circ$$

즉 삼각형의 내각의 크기의 합은 180° 이다.

## 귀납적 추론

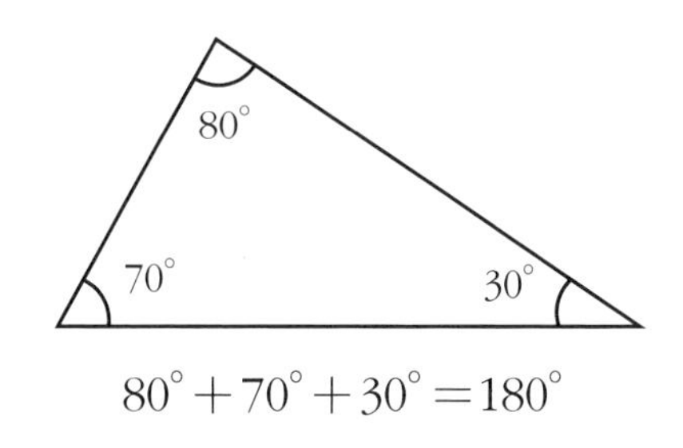


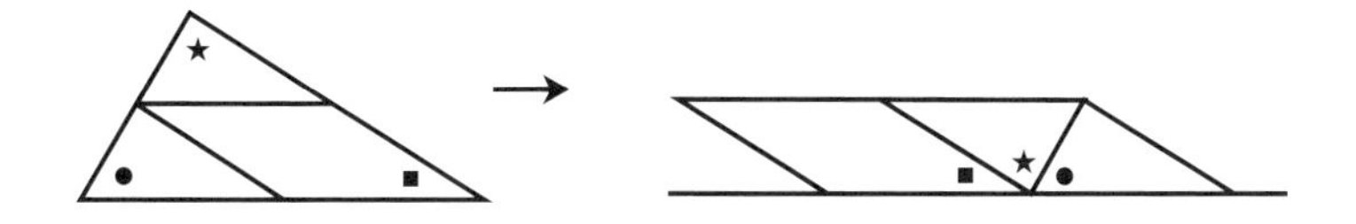

그렇다면 수학자들은 귀납적 추론과 연역적 추론 중에서 어느 것을 더 좋아할까요?

"보통 사람들에게는 귀납적 추론이 훨씬 더 쉽고 이해하기도 편하겠지만 수학자들은 연역적 추론을 더 좋아할 거 같아요. 제가 보기에도 귀납적 추론보다는 연역적 추론이 더 논리적으로 보이거든요. 그리고 첫 시간에 선생님께서 수학은 분명하고 논리적인 것을 좋아하는 학문이라고 하셨잖아요."

첫 시간에 얘기한 것을 잊지 않고 기억하고 있었군요. 보통 사람들에게는 수학이 융통성 없는 학문처럼 생각될 수도 있지만 수학은 논리를 중요시하는 학문이라 연역적 추론을 강조합니다.

하지만 연역적 추론을 통해 얻은 결론은 누구에게나 진리로 통하지요.

오늘 수업의 주제는 증명과 추론이었습니다. 다소 지루할 수도 있고 어려운 내용이라 네이피어의 일화로 가볍게 시작하고 앞서 배운 내용들을 자주 이야기하면서 이해를 도우려고 했는데 여러분은 어땠는지 모르겠네요. 다음 시간에는 교과서에서 흔히 볼 수 있는 증명법을 소개할까 합니다. 다시 만날 때까지 이 시간에 배운 내용을 머릿속에 잘 정리해 보세요.

## 여덟번째 수업 정리

1. 추론은 크게 귀납적 추론과 연역적 추론으로 구분할 수 있습니다. 귀납적 추론이란 특수한 사실들을 바탕으로 일반적인 원리를 이끌어내는 방법이며, 연역적 추론이란 일반적인 원리로부터 특수한 원리나 사실을 결론으로 이끌어내는 방법입니다.

2. 수학 명제를 증명할 때에는 귀납적 추론과 연역적 추론을 모두 사용할 수 있습니다. 하지만 연역적 추론이 항상 필연적으로 성립할 수밖에 없는 결론을 이끌어내기 때문에 귀납적 추론보다 훨씬 더 논리적이며, 이러한 이유로 수학자들은 연역적 추론을 더 선호한답니다. 사실 수학자들은 귀납적 추론을 사용한 수학적 증명은 거의 인정하지 않고 있습니다.

# 귀류법과 수학적 귀납법

귀류법과 수학적 귀납법은
교과서에 단골로 등장하는 증명 방법입니다.
두 증명법을 이해하고 문제풀이에 응용해 봅시다.

## 아홉 번째 학습 목표

1. 귀류법이 어떤 증명법인지 이해할 수 있습니다.
2. 수학적 귀납법이 어떤 증명법인지 이해할 수 있습니다.

### 미리 알면 좋아요

1. 수학 명제를 증명하는 방법 수학 명제를 증명하는 방법에는 직접 증명법과 간접 증명법이 있습니다. 직접 증명법은 말 그대로 직접적으로 말이나 수식을 풀어서 증명하는 방법입니다. 그렇기 때문에 주어진 가정에서 출발하여 직접 결론을 이끌어내게 되지요. 간접 증명법은 명제를 직접적으로 증명하기 어려울 때 사용하는 증명법으로 대표적인 것이 바로 귀류법과 수학적 귀납법입니다.

2. 직접 증명법

예를 들어, $(a+b)(a-b)=a^2-b^2$임을 증명하라는 문제가 있다면 직접 증명법을 사용하여 증명할 수 있습니다. 좌변의 $(a+b)(a-b)$를 직접 전개하여 우변의 $a^2-b^2$이 됨을 보이면 되는 것이지요.

$$
\begin{aligned}
(a+b)(a-b) &= a^2+ab-ab-b^2 \\
&= a^2-b^2
\end{aligned}
$$

증명을 하는 방법에는 여러 가지가 있습니다. 명제의 역, 이, 대우에 대해 공부하고 그 시간을 마치면서 짧게 소개했던 것과 같이 어떤 명제가 참임을 증명하기 어려울 때 그 명제의 대우를 증명하는 것도 하나의 증명법입니다. 하지만 오늘은 지난 시간에 미리 말했던 것처럼 여러분과 함께 교과서에 자주 등장하는 두 가지 증명법을 살펴볼 것입니다.

그 중 하나는 귀류법으로 '$\sqrt{2}$는 무리수이다' 임을 증명할 때 흔히 사용하는 증명법입니다. 또 다른 하나는 수학적 귀납법으로, '귀납법' 이란 단어 때문에 귀납적 추론을 이용한 증명법이 아닐까라는 오해를 받기도 하지만 여러 가지 명제를 동시에 증명할 때 사용하는 연역적 추론을 이용한 증명법입니다.

먼저 귀류법에 대해 알아보지요.

귀류법이 어떤 증명법인지 설명하기 전에 교과서에 소개된 '$\sqrt{2}$는 무리수이다' 의 증명을 함께 살펴보겠습니다.

'$\sqrt{2}$는 무리수이다'

**증명)** $\sqrt{2}$가 무리수가 아니라고 가정하자.

즉 $\sqrt{2}$는 유리수이므로 $\sqrt{2}=\frac{b}{a}$ $a$, $b$는 서로 소인 정수, $a \neq 0$

로 나타낼 수 있다.

그러므로

$b=\sqrt{2}a$, $b^2=2a^2$

이 때 $b^2$은 2의 배수이므로 $b$도 2의 배수이다.

$b=2k$ $k$는 정수라 하면

$(2k)^2=2a^2$, $4k^2=2a^2$, $2k^2=a^2$

이때 $a^2$은 2의 배수이므로 $a$도 2의 배수이다.

이것은 $a$와 $b$가 서로 소라는 가정에 모순된다.

따라서 $\sqrt{2}$는 유리수가 아니다.

증명과정을 보고 귀류법이 어떤 증명법인지 짐작할 수 있나요?

"하나의 증명만을 보고 짐작하기는 좀 어렵지만, 증명을 시작할 때 명제를 부정한 것이 좀 독특한 거 같아요. 대우를 이용한 증명도 아닌데 말이지요."

중요한 점을 잘 찾아냈군요. 귀류법은 방금 얘기한 것처럼 주어진 명제의 결론을 부정하면 모순이 생기는 것을 보여줌으로써 주어진 명제가 참임을 증명하는 방법입니다. 귀류법의 기원은 그리스의 수학자인 제논에게서 찾을 수 있습니다. 제논은 하늘로 쏘아 올린 화살을 움직이는 것으로 보아야 하는지 아니면 멈춘 것으로 보아야 하는지, 또 그리스 신화에서 매우 빨리 달리는 인물로 등장하는 아킬레스가 앞서가는 거북이를 따라잡을 수 있

는지를 묻는 등의 알쏭달쏭한 질문으로 유명한 수학자입니다. 그는 자신의 주장을 펴거나 진리에 접근할 때 어떤 명제의 반대가 거짓임을 증명해 보임으로써 원래의 말이 참임을 밝혔는데, 이것이 귀류법의 시초가 되었다고 할 수 있습니다.

귀류법에 대한 설명은 이 정도에서 마치고 이제는 수학적 귀납법에 대해 알아보겠습니다. 수학적 귀납법은 도미노의 원리에 비유되기도 합니다. 다음과 같이 여러 개의 도미노가 나란히 세워져 있다고 상상해 보세요.

첫 번째 도미노가 넘어지면 어떻게 될까요?

"당연히 두 번째 도미노가 넘어지겠지요. 두 번째 도미노가 넘어지면 세 번째 도미노도 넘어질 테고요. 이렇게 연속적으로 넘어지면 마지막에 있는 도미노까지 모두 넘어지겠지요."

수학적 귀납법은 이와 같은 도미노 원리를 이용한 증명법으로 수업을 시작하면서 잠깐 언급했듯이 여러 가지 명제를 동시에 증명하는 데 유용합니다. 하지만 도미노와 다른 점이 있습니다. 도미노는 유한개를 가지고 하는 게임이지만 수학적 귀납법을 이용하여 증명하려는 명제는 무한을 다룹니다. 즉 무수히 많은 도미노를 넘어뜨린다고 생각하면 되는 것이지요.

무한개의 도미노가 세워져 있을 때, 처음부터 모든 도미노가 넘어지는 것을 수학적으로 어떻게 표현할 수 있을까요?

"음……, 우선 첫 번째 도미노가 넘어져야 해요. 그 다음은, 글쎄요."

한 학생이 대답을 꺼냈으나 한참을 머뭇거리며 말을 잇지 못하자 선생님이 나섰습니다.

맞아요. 어쨌든 모든 도미노가 넘어지려면 첫 번째 도미노부터 넘어져야겠죠. 사실 그 다음은 쉽게 대답이 나오기 어렵답니다. 하지만 설명을 듣고 나면 너무 쉬운 것이었다는 사실을 알게 될

겁니다.

첫 번째 도미노가 넘어지면 시작은 한 것이므로 이제는 연속적으로 넘어지는 상황을 설명해주는 수학적 표현이 필요합니다. 하지만 주의할 점은 특정한 몇 번째 도미노를 지정하는 것이 아니라 일반적으로 표현해야 한다는 것입니다. 이렇게 말이지요.

'$k$ 번째 도미노가 넘어지면 $k+1$ 번째 도미노도 넘어진다'

예를 들어보겠습니다. 고등학교 수학시간에 배우는 공식 중에

$$1+2+3+\cdots+n=\frac{n(n+1)}{2} \text{ 이다.}$$

과 같은 공식이 있습니다. 이 식에 $n=1$을 대입하면 $1=\frac{1\cdot 2}{2}$가 되어 등식이 성립합니다. 또 $n=2$를 대입하더라도 $1+2=\frac{2\cdot 3}{2}$이 되어 등식이 성립합니다. 하지만 모든 자연수에 대해 이 공식이 성립한다는 것을 증명하기 위해 $n$에 1부터 모든 자연수를 대입해 보는 일은 상당히 번거로운 일일 뿐만 아니라 아무런 의미도 없습니다. 그렇다면 여기서 수학적 귀납법을 사용해 보면 어떨까요?

중요 포인트

### 수학적 귀납법의 구조

1. $n=1$일 때, 주어진 명제가 성립함을 보인다.
2. $n=k$ $k \geq 1$일 때, 주어진 명제가 성립한다고 가정하면 $n=k+1$일 때에도 주어진 명제가 성립함을 증명한다.

모든 자연수에 대해 $1+2+3+\cdots+n=\dfrac{n(n+1)}{2}$ 은 성립한다.

**증명)** $n=1$일 때,

(좌변) $=1$, (우변) $=\dfrac{1\cdot 2}{2}=1$

따라서 주어진 등식은 성립한다.

$n=k$ $k \geq 1$일 때, 주어진 등식이 성립한다고 가정하면

$1+2+3+\cdots+k=\dfrac{k(k+1)}{2}$ 이다.

양변에 $k+1$을 더하면

$$\begin{aligned}1+2+3+\cdots+k+(k+1)&=\frac{k(k+1)}{2}+k+1\\&=\frac{k^2+k+2k+2}{2}\\&=\frac{k^2+3k+2}{2}\end{aligned}$$

$$=\frac{(k+1)(k+2)}{2}$$ 이다.

이것은 $n=k+1$일 때에도 주어진 등식이 성립함을 나타낸다.

따라서 주어진 등식은 모든 자연수에 대하여 성립한다.

증명이 다소 어려울 수도 있지만 이 증명을 통해 계속 이어져 있는 여러 개의 명제를 간단히 증명해주는 수학적 귀납법의 강력함을 엿볼 수 있었을 것입니다.

오늘 이 시간에는 교과서에 자주 등장하는 두 가지 증명법을 살펴보았습니다. 귀류법과 수학적 귀납법 이외에도 유용한 증명법들이 많이 있으니까 시간을 내어서 다른 증명법들도 찾아보기 바랍니다.

## 아홉번째 수업 정리

**1** 귀류법은 주어진 명제의 결론을 부정하여 모순이 생기는 것을 보여줌으로써 주어진 명제가 참임을 증명하는 방법입니다. 이 귀류법은 고대 그리스 수학자인 제논이 자신의 주장을 설명하거나 진리를 발견하는 과정에서 그 기원을 찾을 수 있습니다.

**2** 수학적 귀납법은 보통 주어진 명제가 모든 자연수에 대해, 또는 어떤 수부터 연속적으로 나열된 모든 수들에 대해 참임을 증명할 때 사용하는 방법입니다. 도미노 게임을 연상하면 그 증명법을 더 잘 이해할 수 있습니다.

예를 들어, 주어진 명제가 모든 자연수에 대해 참임을 증명하고자 한다면 다음과 같은 순서로 증명하면 됩니다.

① $n=1$일 때, 주어진 명제가 성립함을 보인다.

② $n=k\,k\geq1$일 때, 주어진 명제가 성립한다고 가정하면,
$n=k+1$일 때에도 주어진 명제가 성립함을 증명한다.

# 패러독스

타당하게 증명하고 추론해서 나온 결론은 모두 참일까요?
논리적으로 전혀 문제가 없지만 모순되는 결과가 나오는 패러독스를 살펴보도록 합시다.

## 열 번째 학습 목표

1. 패러독스가 무엇인지를 알 수 있습니다.
2. 러셀의 패러독스에 대해 알 수 있습니다.

### 미리 알면 좋아요

논리학의 법칙 논리학에는 세 가지 법칙이 있습니다. 'A는 A이다'와 같이 참인 명제는 참이라는 동일률, 어떤 명제도 동시에 참이면서 거짓일 수 없다는 모순율, 모든 명제는 참이거나 거짓이라는 배중률이 그 세 가지입니다. 러셀의 패러독스는 이 세 가지 법칙 중에서 모순율과 배중률을 어기고 있기 때문에 우리는 명백하게 타당한 추론을 하더라도 모순되는 두 개의 결론을 얻게 됩니다.

오늘은 논리 이야기 중에서 가장 흥미로운 패러독스에 대해 얘기해 보겠습니다. 패러독스Paradox란 역설逆說이라고도 하는데, 논리적으로 전혀 문제가 없어보이지만 황당한 결론이 등장하게 되는 추론을 말합니다.

그래서 참이라고도, 또 거짓이라고도 할 수 없지요.

패러독스라는 용어는 소개하지 않았었지만 이전 시간에 제자들을 한참동안 고민하게 만들고 혼란스럽게 한 제논의 질문들도 패러독스에 해당합니다.

화살의 패러독스의 경우 제논은 다음과 같이 설명했다고 합니다.

"시간은 최소의 단위인 '순간'으로 구성되어 있다. 쏘아올린 화살은 움직이던지, 아니면 멈춰있던지 둘 중의 하나이다. 만일 화살이 움직인다면 화살은 어느 순간의 시작점인 동시에 어느 순간의 끝점의 위치에 놓여야 한다. 이것은 '순간'을 분할할 수 있다는 얘기가 되어 모순이 되므로 화살은 정지해 있어야만 된다."

제논의 설명에 제자들이 혼란스러워했던 이유를 알 수 있겠지요? 제논의 설명을 들으면 정말로 쏘아올린 화살이 움직이지 않는 것처럼 생각됩니다. 하지만 쏘아올린 화살이 멈춰있다고 생각하는 사람은 아무도 없을 것입니다. 화살을 쏘았을 때 화살을 쏜 위치와 화살이 도착할 위치를 각각 A와 B라고 해 보지요. 그리고 두 점 사이의 중간지점을 찾고, 다시 그 점에서 B까지의 중간지점을 찾고, 이렇게 중간지점을 찾는 과정을 반복하면 어떻게 될까요?

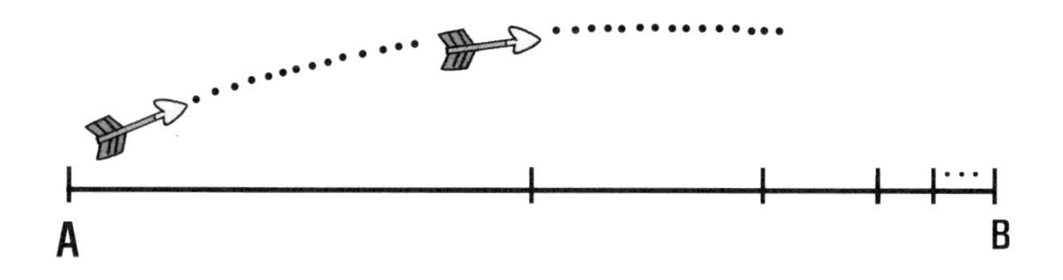


"앞서 찾은 중간지점과 다음에 찾은 중간지점 사이의 거리가 상당히 좁아질 거예요. A와 B 사이의 거리가 아무리 멀어도요. 어, 그러면 사이의 거리가 좁아진 만큼 두 지점 사이의 시간 간격도 짧아지는 거 아닌가요? 그리고 그렇게 되면 제논이 말한 '순간'을 찾을 수 있을 거 같아요."

그렇게 생각할 수도 있겠지요. 하지만 시간 간격이 짧아진다는 것은 그 차이가 0에 가까워지는 것을 의미합니다. 0에 가까운 시간 간격을 측정한다는 것이 현실적으로 가능할까요? 불가능합니다. 즉 날아가는 화살에게 '순간' 은 존재하지 않는 것이지요.

"흥미롭기는 하지만 정말 알쏭달쏭한 문제에요."

그렇답니다. 그러니 제논의 제자들도 오랫동안 힘들어 했겠지요. 사실 제논의 패러독스는 오랜 세월 동안 수많은 수학자들을 혼란에 빠뜨렸답니다. 그 혼란에서 벗어나기까지는 2천 년 이상의 시간이 걸렸고요. 하지만 그 혼란을 극복하기까지 다양한 수학적 지식이 등장했고 유용한 많은 수학 이론이 탄생할 수 있었습니다.

"그럼 이제는 아킬레스와 거북이 이야기도 해주세요."

학생들이 호기심 가득한 눈빛으로 선생님을 바라보고 있었습니다.

아킬레스와 거북이가 달리기 시합을 하면 누가 이길까요?

"아킬레스는 가장 빨리 달리는 사람이라고 했으니까 당연히 아킬레스가 이기겠죠. 그런데 왜 제논은 아킬레스가 거북이를 따라 잡을 수 없다고 했나요?"

출발점이 같다면 당연히 아킬레스가 이길 겁니다. 하지만 제논은 아킬레스가 거북이보다 뒤에서 출발한다면 제아무리 발 빠른 아킬레스라도 거북이를 영원히 따라잡을 수 없을 것이라고 했습니다. 왜냐하면 아킬레스가 거북이를 따라 잡기 위해 달려가면 거북이도 그동안 가만히 있지 않고 조금씩 앞으로 나아가기 때문입니다. 물론 이 둘 사이의 간격은 조금씩 줄어들겠지만, 거북이는 항상 아주 조금이라도 아킬레스보다 앞서 있게 되는 것이지요. 이렇게 생각하면 절대로 아킬레스 거북이를 따라 잡지 못한다는 제논의 말이 일리가 있겠지요.

하지만 제논은 아킬레스와 거북이의 경주에서 시간의 개념을 무시했습니다. 거리가 아니라 시간의 관점에서 이 둘의 경주를 생각해 보겠습니다. 둘 사이의 거리가 $\frac{1}{10}$ 씩 줄어든다고 가정하고 아킬레스가 출발해서 처음 거북이가 있던 곳까지 가는 데에 걸린 시간이 1분이라고 하겠습니다. 그러면 그 다음에 거북이가 있던 곳까지 가는 데에는 0.1분이 걸립니다. 그리고 또 다시 앞으로 나아간 거북이가 있던 곳까지 가는 데에는 0.01분이 걸립니다. 이 과정이 무한히 반복된다 하더라도 이 시간들을 모두 합하면 $1+0.1+0.01+0.001+\cdots=1.11111\cdots$분이 됩니다.

즉 아킬레스가 1.2분만 달리더라도 거북이를 따라 잡을 수 있는 것입니다.

"패러독스는 참 신기해요. 제논의 말을 들으면 실제로도 화살이 멈춰있을 거 같고 아킬레스가 거북이를 따라잡을 수도 없을 거 같아요. 그런데 선생님의 설명을 들으니 순간 제논의 말이 모두 거짓이 되어버렸어요. 참, 선생님도 패러독스로 유명해졌다고 하셨잖아요. 선생님의 이름을 붙인 패러독스도 얘기해주세요."

나의 패러독스는 집합론과 관련이 있다고 했었지요. 좀 어려울 수도 있지만 한번 얘기해 보지요.

'자기 자신을 원소로 갖지 않는 집합들의 집합을 $N$이라고 하자. 그러면 이 집합 $N$은 그 자신의 원소가 될까, 아니면 원소가 될 수 없을까?'

이것이 나의 이름이 붙여진 패러독스입니다. 만약 집합 $N$이 자기 자신인 집합 $N$의 원소라면 어떻게 될까요? 집합 $N$은 자기 자신을 원소로 갖지 않는 집합들의 집합이므로 모순이 생깁니다. 그렇다면 집합 $N$이 자기 자신의 원소가 아니라면 어떨까요? 자기 자신을 원소로 갖지 않는 집합들의 집합이 $N$이므로 집합 $N$은 자기 자신인 집합 $N$에 속하게 됩니다. 또 다시 모순이 생긴 것이지요. 그러므로 집합 $N$은 자기 자신의 원소라고도, 또 원소가 아니라고도 할 수 없답니다.

$N=\{X \mid X \notin X\}$

$N \in N$이면 $N \in \{X \mid X \notin X\}$, 즉 $N \notin N$

$N \notin N$이면 $N \notin \{X \mid X \notin X\}$, 즉 $N \in N$

어떤 임의의 원소는 반드시 집합에 속하거나, 또는 속하지 않기 마련인데 자기 자신을 원소로 갖지 않는 모든 집합 $N$, 즉 $N=\{X \mid X \notin X\}$를 만들면서 모순이 생긴 것입니다.

"집합을 배우면서도 그 의미나 기호들이 처음에는 어렵게 느껴졌었는데, 선생님의 패러독스는 그 이상이에요. 이해가 되는 듯 하면서도 집합이 집합의 원소가 되고 어떻게 얘기해도 말이 되지 않는 그 상황이 너무 어려워요."

물론 그럴 것입니다. 그래서 이 패러독스를 좀 더 쉽게 이해하도록 이야기로 만들어 보았습니다.

어느 마을에는 단 한 명의 이발사만 있다고 합니다.

이 이발사는 마을 주민들 중에서 스스로 수염을 깎지 않는 주민들의 수염만을 깎아준다고 합니다.

그러면, 이 이발사의 수염은 누가 깎아 줄까요?

"음, 만약 이발사가 자신의 수염을 스스로 깎는다면 스스로 수염을 깎지 않는 사람들의 수염만 깎아준다는 이발사의 말은 거짓이 돼요."

이번에는 다른 학생이 이상하다는 표정을 지으며 대답했습니다.

"하지만 이발사가 자신의 수염을 스스로 깎지 않는다면 그는 자신의 수염을 깎아야 하는 운명에 놓이겠지요."

그렇죠. 이발사는 스스로 수염을 깎지 않는 주민들 중 하나가 될 수도, 또 되지 않을 수도 없는 상황에 처하게 되는 것입니다. 이처럼 참과 거짓을 판별할 수 없는 문장이 패러독스인 것입니다.

앞서 말한 적이 있긴 하지만 이 패러독스가 가져다 준 혼란은 엄청난 것입니다. 수학은 서로 마치 연결고리로 이어져있는 것처럼 얽혀있는 상태인데 그 중 하나가 혼란에 빠지게 되면 다른 것에까지도 그 영향이 미치기 때문입니다. 하지만 그 혼란을 극복하려는 노력이 하나 둘씩 모아져 오늘날과 같은 풍부한 수학이 등장하게 되었고 또 계속해서 발전해 나가고 있는 것입니다. 그동안 수업을 들으면서 여러분의 머릿속에도 많은 혼란과 고민들이 쌓였겠지요. 그것들을 극복하고 해결해 나아가면서 여러분의 수학적 지식을 넓혀가길 바랍니다.

열번째
# 수업 정리

❶ 패러독스Paradox란 역설逆說을 의미합니다. 논리적으로 전혀 문제가 없어 보이지만 황당한 결론이 등장하게 되는 추론이지요. 다시 말해, 명백히 거짓인데 참으로 보이거나 또는 그 반대로 명백히 참인데 거짓으로 보이는 것, 그리고 오류가 없어 보이지만 결국 논리적 모순이 생기는 궤변이 바로 패러독스입니다.

❷ 러셀의 패러독스는 자기 자신을 원소로 가지지 않는 집합을 원소로 하는 집합이 자기 자신의 집합인지 아닌지를 묻는 질문입니다. 러셀은 이 패러독스를 쉽게 이해하도록 하기 위해 이발사의 이야기를 만들기도 했습니다. 하지만 어떻게 추론을 하던 간에 '스스로 수염을 깎지 않는 사람들의 수염만 깎아준다'는 이발사의 말은 참말이면서 거짓말입니다. 또 어떻게 생각하면 이 이발사의 말은 참말도 거짓말도 아닙니다. 즉 처음부터 참과 거짓을 판별할 수 없는 문장이었던 것이지요.